普通地质学
实验实习指导书

李 群 主 编

杨 牧 赖健清 邹海洋 刘忠法 副主编

中南大学出版社
www.csupress.com.cn
·长 沙·

图书在版编目（ＣＩＰ）数据

普通地质学实验实习指导书／李群主编. --长沙：
中南大学出版社，2018.8
ISBN 978－7－5487－3326－3

Ⅰ.①普… Ⅱ.①李… Ⅲ.①地质学－实验－高等学
校－教学参考资料 Ⅳ.①P5－33

中国版本图书馆 CIP 数据核字（2018）第 184560 号

普通地质学实验实习指导书

主编 李 群

□责任编辑	刘颖维		
□责任印制	易红卫		
□出版发行	中南大学出版社		
	社址：长沙市麓山南路	邮编：410083	
	发行科电话：0731－88876770	传真：0731－88710482	
□印　　装	长沙鸿和印务有限公司		

□开　　本	787×1096　1/16	□印张 7.75	□字数 197 千字
□版　　次	2018 年 8 月第 1 版	□印次	2018 年 8 月第 1 次印刷
□书　　号	ISBN 978－7－5487－3326－3		
□定　　价	26.00 元		

图书出现印装问题，请与经销商调换

前言 Preface

　　本书是《普通地质学》的配套教材。《普通地质学》是地球科学类本科一年级学生的专业基础启蒙课，需要学生在有限的学时内掌握地质学的基础理论知识和研究方法。通过学习这门课程培养学生的地质思维方式和钻研地质科学的精神。为了巩固和加深对课堂理论知识的理解，加强学生实践动手能力，特编写配套实验实习指导书。本书在内容上，本着系统、创新的原则，以建立和完善实践教学体系为目标，同时，希望能够推进地质类专业实践教学平台和基地建设。

　　本书包括两个部分：第一部分为普通地质学课堂实验；第二部分为地质认识实习。第一部分内容按现行《普通地质学》教学大纲修编，包括8次实验：实验一、实验二为常见矿物标本鉴定；实验三至实验五为常见三大类岩石标本鉴定；实验六为地质罗盘使用及构造模型观察；实验七为地质图识读；实验八为参观湖南省地质博物馆。每个实验包括实验目的与要求、实验内容与方法、实验用品、实验报告、作业及思考题五项，以期让学生明确本次实验的教学目的与要求、实验教学内容和方法、实验必需的物质条件、需要提交的实验报告等，最后辅以思考题，进一步提升和拓展学生的地质思维能力。第二部分地质认识实习以长沙地区及周边、张家界武陵源地区为重点展开，区内不同时代地层出露较全，自前寒武纪以来的地层均有分布，以泥盆系分布面积最广，其次为二叠系和三叠系；区内三大类岩石出露齐全，褶皱、断裂发育，各类地质作用和地质现象丰富，特别是张家界武陵源地区所特有的砂岩峰林地貌，衬托以喀斯特岩溶地貌，以及湘西成型剖面、古生物化石等，成为一处得天独厚的地质实习基地。地质认识实习指导分为实习目的、任务与要求，实习区地质概况(含长沙及其周边、张家界武陵源地区地质概况)，野外地质工作基本方法与技能，野外实习路线四部分。野外实习路线共10条，涵盖地层、岩石、构造、风化作用、河流地质作用、地下水地质作用等内容，各路线地质教学点按知识点、观察内容、技能训练列出，有一部分增加了拓展知识。附录部分则提供了常见各种岩石花纹、地质符号图例，矿物、岩石鉴定实验报告表格，以及相关照片。

本书由李群、杨牧、赖健清、邹海洋、刘忠法共同编写，赵晗、罗文彬参与了部分插图的绘制和编辑。同时，本书也是地质资源系全体老师长期教学经验和素材的积累。

本书的编写出版得到了中南大学和地球科学与信息物理学院的高度重视，获得了学校专业综合改革试点项目、公开示范课堂项目联合资助。对于本书的编写，湖南省地质博物馆、张家界市国土局、湘西自治州古丈县国土局也给予了大力支持。另外，文中许多图片引自互联网。在此一并致谢！

作 者

2018 年 6 月

目录
Contents

第一部分　普通地质学课堂实验

第二部分　地质认识实习

第一部分

普通地质学
课堂实验

第一章

普通地质学实验教学大纲

一、普通地质学课程简介

"普通地质学"是地球科学类本科一年级学生的专业启蒙课。开设这门课程的目的是使学生了解地质学的研究对象、内容、任务和研究方法；启发学生钻研地质科学的精神，培养学生的地质思维方式，并使其掌握地质学基础知识和时空概念。本课程主要内容是介绍地球层圈构造及各层圈的主要物理性质和化学组成；观察和认识常见的矿物和岩石；阐述各种内、外动力地质作用的特征、作用原理及相互关系；介绍岩石圈运动的一般规律及其演变历史、生物界的演化概况及地质学的发展和展望。本课程理论和实践并重，需要学生重点掌握矿物、三大类岩石、地质构造、地质年代表、地质作用、地质灾害等基本概念，学会肉眼观察鉴定地质标本，能够阅读和绘制基础地质图件。本课程的实验课将组织参观湖南省地质博物馆，配合多媒体教学片、录像和图片观察，增强学生的感性认识。

本课程共 64 学时，4 个学分，其中实验课 16 学时。

二、普通地质学实验教学的任务和主要内容

普通地质学实验教学是理论教学的延伸，其内容涉及矿物、岩石、地层、构造、地质图件等方面。实验课的任务是学生通过实际操作和直接感官认识，即对实物标本、模型、地质图件等的观察、分析，进一步理解和巩固理论课上所学的知识；同时，进行一些地质基本技能的训练，使学生逐步学会观察问题、分析问题和解决问题，培养学生的地质思维方式。

实验课的主要内容包括以下几个方面。

1. 矿物部分

观察矿物的形态、光学性质、力学性质，掌握肉眼鉴定矿物的初步方法及常见矿物的主要特征。

2. 岩石部分

学习肉眼鉴定火成岩、沉积岩、变质岩的方法，观察描述常见的三大类岩石，掌握其颜色、成分、结构、构造特征，了解三大类岩石的主要区别。

3. 构造部分

认识最基本的构造形式和构造特征，掌握地质罗盘的结构及使用方法，学会利用地质罗盘测量地质体产状、目标物方位的方法。

4. 地质图识读

学习地质图、地质剖面图和地层柱状图的基本知识，掌握地质图的阅读方法。

5. 参观地质博物馆部分

通过对各种标本进行系统的参观，扩大知识面，从而增强学生对地质体的感性认识，提高学习兴趣。

三、实验课安排

普通地质学实验课主要安排以下 8 次实验，实验名称及其主要内容见表 1-1。

表 1-1   实验项目设置与内容提要

序号	实验名称	实验内容提要
1	矿物的物理性质及常见透明矿物鉴定	掌握矿物的主要鉴定特征，包括矿物的晶体形态、光学性质、力学性质、密度等；认识莫氏硬度计；主要鉴定透明矿物
2	矿物的物理性质及常见不透明矿物鉴定	进一步了解矿物的鉴定特征；主要鉴定金属矿物
3	常见岩浆岩鉴定	了解岩浆岩的主要类型及其颜色、矿物成分、结构构造特征；常见岩浆岩鉴定
4	常见沉积岩鉴定	了解沉积岩的主要特征；了解沉积岩的主要类型；常见沉积岩鉴定
5	常见变质岩鉴定	初步了解变质岩的主要类型及基本特征；常见变质岩鉴定
6	地质罗盘的使用及构造模型的观察	褶皱和断裂等小型构造标本的观察；了解地质罗盘的结构和功能，利用罗盘测量地质体产状
7	地质图识读	阅读地质图、地质剖面图和地层柱状图，在地质图上分析褶皱、断层及其形成时代
8	参观湖南省地质博物馆	参观湖南省地质博物馆相关地球、矿物、岩石、古生物、矿产等

四、实验课考核

实验课采用学生自己动手与教师讲授答疑相结合的方法，当场完成实验报告。通过实验操作、课堂提问、实验报告等形式进行综合考核，实验成绩占总评成绩的30%。

第二章

矿物的物理性质及常见透明矿物鉴定（实验一）

一、实验目的与要求

1. 观察和认识矿物的形态、光学性质、力学性质等。
2. 学习肉眼鉴定透明矿物的基本方法，掌握常见透明矿物的鉴定特征。

二、实验内容与方法

矿物的肉眼鉴定是研究矿物的第一步，必须了解矿物的形态、物理性质等鉴定特征。首先观察矿物的形态，再对矿物的颜色、条痕、光泽、透明度、解理、断口、硬度、密度、磁性等进行观察描述，了解各种矿物的形态、物理性质之间的异同点，总结矿物的鉴定特征。

（一）矿物的形态

1. 矿物单体形态

根据单个晶体三度空间相对发育的比例不同，可将晶体形态分为一向延长、两向延长和三向等长三种。

（1）一向延长晶体
石英（水晶）、石膏、角闪石为柱状；辉铋矿为针状。

（2）两向延长晶体
云母、绿泥石为片状；长石、石膏、重晶石为板状。

（3）三向等长晶体
石榴子石、黄铁矿、橄榄石、方铅矿为粒状。

2. 矿物集合体形态

（1）显晶集合体
普通角闪石、电气石、红柱石为柱状集合体；石膏、石棉为纤维状集合体；云母、镜铁矿为片状集合体;橄榄石、石榴子石为粒状集合体;石英、方解石为晶簇。

(2)隐晶及胶态集合体

钙质结核、黄铁矿结核为结核状;赤铁矿为鲕状、豆状及肾状;方解石为钟乳状;硬锰矿为葡萄状;高岭石为土状。

(二)矿物的光学性质

1. 颜色

根据颜色产生的机理不同,矿物的颜色包括自色、他色、假色(锖色),具有鉴定意义的主要为自色。

实验中通常采用下述两种方法描述矿物的颜色。

(1)标准色谱法

此种方法是按红、橙、黄、绿、蓝、靛、紫标准色或白、灰、黑等色对矿物的颜色进行描述。若矿物为标准色中的某一种,则直接用其描述,如蓝铜矿为蓝色、辰砂为红色;若矿物不具某一标准色,则以接近标准色中的某一种颜色为主体,用两种颜色进行描述,并把主体颜色放在后面。例如绿帘石为黄绿色,说明此矿物是以绿色为主,黄色为次。

(2)实物对比法

把矿物的颜色与常见颜色相比进行描述。例如,块状石英呈乳白色,正长石为肉红色,黄铜矿为铜黄色等。

注意要点:描述矿物颜色时,应以新鲜干燥矿物为准,如果矿物表面遭受风化而颜色发生了变化时,则需刮去风化表面后再进行观察描述。

2. 条痕

条痕是指矿物粉末的颜色,一般是将矿物在白色无釉瓷板上刻划所留下的痕迹的颜色。条痕色可能深于、等于或浅于矿物的自色。条痕色对于不透明的金属、半金属光泽矿物的鉴定很重要,而对于透明、玻璃光泽矿物来说,意义不大。

注意要点:在白色无釉瓷板上刻划条痕时,用力要均匀,不可用力过猛,留下痕迹色即可;条痕板硬度为 6~7,只有硬度小于条痕板的矿物才有条痕色;观察测试的矿物应选新鲜标本;条痕色的描述方法与颜色相似。

3. 光泽

根据矿物表面反射光线强弱的性能,可将矿物的光泽分为金属光泽、半金属光泽、非金属光泽三大类。非金属光泽包括金刚光泽、玻璃光泽。除此之外,在矿物的不平坦表面上,常表现出一些特殊的变异光泽,如油脂光泽、树脂光泽、丝绢光泽、珍珠光泽、蜡状光泽、沥青光泽、土状光泽等。

注意要点:观察矿物光泽时,一定要在新鲜面上观察,主要观察晶面和解理面上的光泽;由于矿物表面不平整或光洁度的原因,在某些矿物集合体表面会产生特殊的变异光泽。

4. 透明度

矿物透明度是指矿物透过光线的程度，一般是以矿物厚度 0.03 mm 的薄片为准，分为透明、半透明和不透明三类。

透明矿物有石英、长石、方解石等；半透明矿物有赤铁矿、辰砂等；不透明矿物有黄铁矿、黄铜矿，方铅矿等。

观察描述矿物光学性质时，一定要注意掌握颜色、条痕、光泽和透明度四者之间的内在联系。金属光泽的矿物，其颜色一定为黑色或金属色，条痕为黑色或金属色，透明度为不透明；半金属光泽的矿物颜色为彩色，条痕呈深彩色或浅彩色，透明度为不透明至半透明；非金属光泽的矿物颜色为各种浅彩色或无色，条痕呈浅彩色至白色或无色，透明度为半透明至透明。

(三) 力学性质

1. 解理

解理是矿物受力后沿一定的结晶方向分裂成一系列相互平行且平坦光滑的平面的性质，是矿物重要的鉴定特征之一。矿物的解理按其解理面裂开的难易程度及解理面的完整性可分为极完全解理、完全解理、中等解理、不完全解理和极不完全解理五级。

(1) 解理等级

根据解理面的完好和光滑程度确定其解理等级。如白云母、黑云母、绿泥石等为极完全解理；方解石、萤石、方铅矿等为完全解理；普通辉石、长石等为中等解理；磷灰石、橄榄石等为不完全解理；石英、石榴子石、黄铁矿等为极不完全解理。

(2) 解理组数

矿物中相互平行的一系列解理面称为一组解理。如方解石的三组完全解理，云母的一组极完全解理等。注意观察云母、正长石、方解石、萤石的解理组数。

(3) 解理面间的夹角

两组及两组以上的解理，其相邻两解理面间的夹角亦是鉴定矿物的标志之一。注意观察正长石、普通辉石、普通角闪石、萤石的解理夹角。

注意要点：肉眼观察矿物的解理只能在显晶质矿物中进行，确定解理组数和解理夹角必须在一个矿物单体上观察。

2. 断口

断口是矿物受力后沿任意方向发生的不规则破裂面。根据破裂面的形态，断口可分为贝壳状断口、参差状断口、锯齿状断口、土状 (平坦状) 断口等类型。

观察石英、黄铁矿、石膏、高岭石的断口，并确定其类型。

注意要点：断口与解理呈互为消长的关系，即解理发育者，断口不发育，如云母、方解石、萤石；不显解理者，断口发育，如石英、橄榄石、石榴子石。

3. 硬度

矿物的硬度是指其抵抗外来机械力作用的能力,肉眼观察的一般是矿物的相对硬度,以莫氏硬度计(表2-1)为标准进行比较确定。

表2-1　莫氏硬度计

莫氏硬度级别	1	2	3	4	5	6	7	8	9	10
矿物名称	滑石	石膏	方解石	萤石	磷灰石	正长石	石英	黄玉	刚玉	金刚石

实验时,首先熟悉莫氏硬度计中的矿物,将其相互刻划了解它们的相对硬度等级,然后用它们刻划其他未知矿物,确定未知矿物的硬度等级。野外工作中可采用简易的鉴定法,用指甲(硬度为2.5±)、铜钥匙(硬度为3.0±)、小刀(硬度为5.5±)、玻璃(硬度为6.0～6.5)等作为标准大致测定矿物的相对硬度。

注意要点:测试矿物时须选择新鲜面,并尽可能选择矿物的单体;刻划矿物时用力要轻而均匀,不要敲打;当矿物脆性较大时,应注意脆性与硬度的差异。

4. 相对密度

相对密度一般分为低(密度小于2.5 g/cm³)、中(密度为2.5～4 g/cm³)、高(密度大于4 g/cm³)三级,自然界常见中等密度大小的矿物。只有相对密度大或小(轻或重)的矿物才有鉴定意义。

实验中只需将重矿物(如方铅矿、重晶石)、轻矿物(如石膏、自然硫)鉴定出来即可。

(四)其他物理性质

矿物的其他物理性质包括磁性、导电性、发光性、放射性、延展性、脆性、弹性和挠性等,但大多数矿物并不具有明显的上述物理性质。

三、实验用品

(一)主要矿物标本

主要矿物标本如表2-2所示。

(二)实验工具

放大镜、小刀、条痕板、铅笔等。

表 2-2　矿物标本

序号	标本名称	序号	标本名称
1	石英	6	普通角闪石
2	长石	7	云母
3	石榴子石	8	方解石
4	橄榄石	9	萤石
5	普通辉石	10	绿泥石

注：标本照片如附录 3 中图 1 至图 10 所示。

四、实验报告

观察描述本次实验透明矿物的形态、光学性质、力学性质和其他性质，并填入附录 2 中附表 1 中。

五、作业及思考题

1. 无色透明矿物可呈现深色条痕吗？
2. 肉眼观察到的光学性质与矿物的发光性是否一样？
3. 观察矿物的解理时，是否必须打击矿物？应怎样观察？
4. 有些标本很容易捏碎，是否表明该矿物一定硬度低？为什么？
5. 注意观察标准矿物比色标本、标准矿物光泽标本及摩氏硬度计标本。
6. 综合观察对比下列各组矿物：
(1) 石英、长石。
(2) 方解石、萤石。
(3) 普通辉石、普通角闪石。
(4) 石榴子石、橄榄石。

第三章

矿物的物理性质及常见不透明矿物鉴定(实验二)

⚙ 一、实验目的与要求

1. 观察和认识矿物的形态、光学性质、力学性质等。
2. 学习肉眼鉴定不透明矿物的基本方法，掌握常见不透明矿物的鉴定特征。

⚙ 二、实验内容与方法

同实验一。

⚙ 三、实验用品

(一)主要矿物标本

主要矿物标本如表 3-1 所示。

表 3-1　矿物标本

序号	标本名称	序号	标本名称
1	石墨	6	辉锑矿
2	黄铜矿	7	赤铁矿
3	黄铁矿	8	褐铁矿
4	方铅矿	9	磁铁矿
5	闪锌矿	10	硬锰矿

注：标本照片如附录 3 中图 11 至图 20 所示。

（二）实验工具

放大镜、小刀、条痕板、铅笔、磁铁等。

四、实验报告

观察描述本次实验不透明矿物的形态、光学性质、力学性质和其他性质，并填入附录2附表2中。

五、作业及思考题

1. 观察下列各组矿物，对比它们的相似性与差异性：
（1）黄铜矿、黄铁矿。
（2）方铅矿、辉锑矿、石墨、闪锌矿。
（3）磁铁矿、赤铁矿、褐铁矿。
2. 从哪些物理性质认识矿物？

教学参考资料：常见矿物的主要特征

石英：

化学式为 SiO_2，常发育成柱状单晶并形成晶簇，或成致密块状或粒状集合体。纯净的石英无色透明，玻璃光泽，断口呈现油脂光泽；无解理，贝壳状断口，莫氏硬度7，相对密度2.65。

无色透明的石英称为水晶；石英因含杂质可呈各种色调，例如含 Fe^{+3} 呈紫色者，称为紫水晶；含有细小分散的气态或液态物质呈乳白色者，称为乳石英；隐晶质的石英称为石髓（玉髓），常呈肾状、钟乳状及葡萄状集合体，一般为浅灰色、淡黄色及乳白色，偶有红褐色及苹果绿色，微透明；具有多色环状条带的石髓称为玛瑙。

方解石：

化学式为 $CaCO_3$，常发育成单晶，或呈晶簇状、粒状、块状、纤维状及钟乳状等集合体。纯净的方解石无色透明，因杂质渗入而常呈白、灰、黄、浅红（含 Co、Mn）、绿（含 Cu）、蓝（含 Cu）等色，无色透明的晶体称为冰洲石，玻璃光泽。莫氏硬度3，相对密度2.72，三组完全解理，易沿解理面分裂成为菱面体。性脆，遇冷稀盐酸强烈起泡。

白云石：

化学式为 $CaMg[CO_3]_2$，单晶为菱面体，通常呈块状或粒状集合体。纯白云石为白色，因含 Fe 常呈褐色，玻璃光泽。莫氏硬度 3.5~4，三组完全解理；相对密度2.86，含 Fe 高者可达 2.9~3.1。白云石以其硬度稍大，在冷稀盐酸中反应微弱等特征，可与方解石相区别。

橄榄石：

化学式为 $(Mg, Fe)_2SiO_4$，因呈橄榄绿色而得名，晶体呈厚板状、短柱状，集合体为它形粒状。玻璃光泽，解理中等或不完全，常具贝壳状断口，莫氏硬度6.5~7，相对密度3.3~4.4。

普通辉石：

化学式为 $(Ca, Mg, Fe, Al)_2[(Si, Al)_2O_6]$，单晶体为短柱状，横切面呈近正八边形，集合体为粒状。绿黑色或黑色，玻璃光泽，莫氏硬度 $5 \sim 6$。有平行柱面的两组解理，交角近直角，为 $87°$；相对密度 $3.02 \sim 3.45$，随含 Fe 量的增高而增大。

普通角闪石：

化学式为 $Ca_2(Mg, Fe)_4Al[Si_7AlO_{22}](OH)_2$，晶体呈长柱状，集合体呈粒状、纤维状、放射状等。一般为深色，从绿色、棕色、褐色到黑色，玻璃光泽。莫氏硬度 $5 \sim 6$，相对密度 $3 \sim 3.5$，两组发育中等的柱面解理，交角为 $124°$ 或 $56°$。

长石：

包括钾长石 $K[AlSi_3O_8]$、钠长石 $Na[AlSi_3O_8]$、钙长石 $Ca[Al_2Si_2O_8]$ 三个基本类型，其中钾长石与钠长石常称为碱性长石；钠长石与钙长石常按不同比例混溶在一起，组成类质同象系列，统称为斜长石(包括钠长石、更长石、中长石、拉长石、倍长石、钙长石)。

斜长石有许多共同的特征。如单晶体为板状或板条状。常为白色或灰白色，玻璃光泽。莫氏硬度 $6 \sim 6.5$，有两组解理，彼此近于正交；相对密度 $2.61 \sim 2.75$，随钙长石含量的增加而增大。

正长石是常见的钾长石的变种，单晶为柱状或板柱状，常为肉红色，有时具较浅的色调，玻璃光泽，解理面为珍珠光泽。莫氏硬度 6，有两组方向相互垂直的解理，相对密度 $2.54 \sim 2.57$。

白云母：

化学式为 $KAl_2[AlSi_3O_{10}](OH, F)_2$，单晶体为短柱状及板状，横切面常为六边形，集合体为鳞片状。其中晶体细微者称为绢云母。薄片为无色透明，具珍珠光泽。莫氏硬度 $2.5 \sim 3$，有平行片状方向的极完全解理，易撕成薄片，具弹性。相对密度 $2.77 \sim 2.88$。

黑云母：

化学式为 $K(Mg, Fe)_3[AlSi_3O_{10}](OH, F)_2$，单晶体为短柱状、板状，横切面常为六边形，集合体为鳞片状。棕褐色或黑色，随含 Fe 量的增高而变暗。其他物理性质与白云母相似，相对密度 $2.7 \sim 3.3$。

高岭石：

化学式为 $Al_4[Si_4O_{10}](OH)_8$，一般为土块或块状集合体。白色，常因含杂质而呈其他色调。易捏碎成粉末。土状者光泽暗淡，块状者具蜡状光泽。莫氏硬度 2，相对密度 $2.61 \sim 2.68$。吸水性强，加水具可塑性。

萤石：

化学式为 CaF_2，单晶常呈立方体及八面体，集合体呈块状或粒状。颜色多样，有紫红、蓝、绿和无色等，透明，玻璃光泽。四组解理完全，易沿解理面破裂成八面体小块；莫氏硬度 4，相对密度 3.18。

孔雀石：

化学式为 $Cu_2[CO_3](OH)_2$，常为钟乳状、肾状或块状集合体，或呈皮壳状附于其他矿物表面。深绿或鲜绿色，因颜色类似蓝孔雀羽毛的颜色而得名。条痕为淡绿色，晶面为丝绢光泽或玻璃光泽。莫氏硬度 $3.5 \sim 4$，相对密度 $3.5 \sim 4.0$。孔雀石以其特有的颜色、形态，遇冷稀盐酸剧烈起泡而易与其他矿物区别。

黄铁矿：

化学式为 FeS_2，常发育完好的晶形，呈立方体、八面体或五角十二面体。立方体的晶面上常有平行晶棱的细条纹。集合体大多呈致密块状。颜色为浅黄铜色，条痕为绿黑色，金属光泽。莫氏硬度 6~6.5，性脆，无解理，断口参差状；相对密度 5。

黄铜矿：

化学式为 $CuFeS_2$，常为致密块状或粒状集合体。铜黄色，表面常有斑驳的蓝、紫、褐色的锖色膜，条痕为绿黑色，金属光泽。莫氏硬度 3~4，小刀能刻划，性脆，相对密度 4.1~4.3。

黄铜矿颜色较深且硬度小，可与黄铁矿相区别。

方铅矿：

化学式为 PbS，单晶常为立方体，通常成致密块状或粒状集合体。铅灰色，条痕为灰黑色，金属光泽。莫氏硬度 2~3，相对密度 7.4~7.6。发育三组完全解理，沿解理面易破裂成立方体。

闪锌矿：

化学式为 ZnS，常为致密块状或粒状集合体。晶体结构中含有 Fe、Cd 等元素，随含 Fe 量的增高，颜色自浅黄变到棕黑色，条痕颜色较矿物颜色浅，为白色到褐色；浅色闪锌矿具松脂光泽，深色闪锌矿具半金属光泽；透明至半透明。莫氏硬度 3.5~4，六组完全解理；相对密度 3.9~4.1，随含 Fe 量的增加而逐渐降低。

赤铁矿：

化学式为 Fe_2O_3，常为片状、鳞片状（显晶质）、致密块状、鲕状集合体。显晶质为铁黑至钢灰色，隐晶质为暗红色，条痕呈樱红色，金属、半金属到土状光泽，不透明。莫氏硬度 5~6，土状者硬度低；无解理，相对密度 4.0~5.3。

磁铁矿：

化学式为 Fe_3O_4，常为致密块状或粒状集合体，也常见八面体单晶。颜色为铁黑色，条痕为黑色，半金属光泽，不透明。莫氏硬度 5.5~6.5，无解理，相对密度 5。具强磁性，可与相似矿物区分。

褐铁矿：

化学式为 $(Fe_2O_3 \cdot nH_2O)$，实际上是含铁矿物的风化产物，不是一种矿物而是多种矿物的混合物，主要成分是含水的氢氧化铁，并含有泥质及二氧化硅等。常呈块状、葡萄状、疏松多孔状或粉末状；褐至褐黄色，条痕黄褐色，半金属光泽。硬度不一。

硬锰矿：

化学式为 $mMnO \cdot MnO_2 \cdot nH_2O$ 或 $(Ba, H_2O)_2 \cdot Mn_5O_{10}$，通常呈葡萄状、肾状、皮壳状、钟乳状或土状，此外还有致密块状和树脂状。灰黑色至黑色，条痕黑色，不透明，半金属光泽，土状集合体呈土状光泽。硬度 4~6，相对密度 4.4~4.7，无解理。

辉锑矿：

化学式为 Sb_2S_3，晶体常见，形态鲜明，为长柱状、针状或矢状，集合体常呈放射状。铅灰色，晶面常带暗蓝锖色，条痕黑灰色，不透明，强金属光泽。沿柱面发育有一组完全解理，解理面上常有横的聚片双晶纹；莫氏硬度 2，相对密度 4.5~4.6，脆性，遇冷易膨胀。

石墨：

化学式为 C，单晶体常呈六方片状或板状，但完整的很少见；集合体通常为鳞片状、块状或土状。铁黑色，条痕为黑色，不透明，半金属光泽。莫氏硬度 $1 \sim 2$，一组极完全解理，相对密度 $2.21 \sim 2.26$。薄片具挠性，有滑感，易污手，具有良好的导电性。

绿泥石：

化学式为 $(Mg，Fe，Al)_6[(Si，Al)_4O_{10}](OH)_8$，单晶体常呈假六方片状或板状，集合体为鳞片状、土状。浅绿至深绿色，玻璃光泽或珍珠光泽。莫氏硬度 $2 \sim 2.5$，一组完全解理，相对密度 $2.6 \sim 3.3$。薄片具挠性。

石榴子石：

化学式为 $A_3B_2[SiO_4]_3$，其中 A 代表二价阳离子，主要有 Mg、Fe、Mn、Ca 等，B 代表三价阳离子，主要有 Al、Fe、Cd、Ti 等，石榴子石按成分通常分为铝系和钙系两个系列，颜色各异。单晶体常呈菱形十二面体、四角八面体，集合体为致密块状或粒状。玻璃光泽至金刚光泽，断口为油脂光泽，半透明。无解理，断口参差状，莫氏硬度 $6.5 \sim 7.5$，相对密度 $3.3 \sim 4.2$，性脆。

石膏：

化学式为 $Ca[SO_4] \cdot 2H_2O$，单晶体常呈近似菱形的板状，集合体为纤维状、粒状或致密块状。无色或白色，玻璃光泽，纤维状者为丝绢光泽。一组极完全解理，薄片具挠性，莫氏硬度 2，相对密度 2.3。

磷灰石：

化学式为 $Ca_5[PO_4]_3 \cdot (F，OH)$，单晶体一般为带锥面的六方柱状，集合体为粒状、块状或结核状。纯净磷灰石为无色或白色，一般呈棕色至黄绿色，或蓝色、紫色、玫瑰红色，玻璃光泽，断口为油脂光泽。不完全解理，断口参差状，莫氏硬度 5，相对密度 $3.18 \sim 3.21$。

第四章

常见岩浆岩鉴定(实验三)

一、实验目的与要求

1. 了解岩浆岩的结构、构造特征及其与岩浆侵入作用和喷出作用之间的关系。
2. 学会岩浆岩手标本的基本鉴定方法。
3. 掌握部分常见岩浆岩的肉眼鉴定特征。

二、实验内容与方法

在肉眼鉴定时,岩浆岩手标本观察描述的内容包括岩石的颜色、矿物成分、结构和构造,最后予以定名。具体内容如下所述。

(一)岩浆岩的颜色

岩浆岩的颜色取决于岩石中的 SiO_2 含量,SiO_2 含量多时,多为浅色矿物,岩石呈现白、灰、肉红等浅色;SiO_2 含量少时,多为暗色矿物多,岩石呈现深灰、绿、黑等深色。

岩石的颜色是指组成岩石的矿物颜色之总和,而非某一种或几种矿物的颜色。如灰白色的岩石,可能是由长石、石英和少量暗色矿物(黑云母、角闪石等)等形成的总体色调。因此,观察颜色时,宜先远观其总体色调,然后用恰当颜色形容之。岩浆岩的颜色也可根据暗色矿物的百分含量,即"色率"来描述;按色率可将岩浆岩划分为以下三种:

暗(深)色岩,色率为60%~100%,颜色呈黑色、灰黑色、绿色等。

中色岩,色率为30%~60%,颜色呈褐灰色、红褐色、灰色等。

浅色岩,色率为0%~30%,颜色呈白色、灰白色、肉红色等。

根据岩浆岩的颜色或色率可以推断出岩浆岩的大类,超基性岩→基性岩→中性岩→酸性岩,暗色矿物含量逐渐减少,浅色矿物含量逐渐增多,岩石颜色由深变浅(表4-1),这种方法对结晶质的岩石特别有用。

表4-1　常见岩浆岩的一般特征

类型	超基性岩	基性岩	中性岩	酸性岩	结构特征
喷出岩	科马提岩	玄武岩	安山岩	流纹岩	结晶程度渐好 晶粒渐增大
浅成岩	少见	辉绿岩	闪长玢岩	花岗斑岩	
深成岩	橄榄岩	辉长岩	闪长岩	花岗岩	
颜色特征	SiO₂含量增多，浅色长英质矿物增加，颜色渐浅				

(二)岩浆岩的结构与构造

1.岩浆岩的结构

岩浆岩的结构是组成岩石的矿物的结晶程度、颗粒形态及大小、自形程度以及颗粒之间的相互关系。岩浆岩的结构与其结晶时的温度、深度及冷却速度等有关，形成于不同环境的岩浆岩，即深成岩、浅成岩、喷出岩，它们具有不同的结构(表4-1)。

岩浆岩的结构按矿物的结晶程度分为结晶质结构和非晶质(玻璃质)结构。

结晶质结构中根据颗粒绝对大小又可分为粗粒结构(大于5 mm)、中粒结构(1~5 mm)、细粒结构(0.1~1 mm)结构，以及微晶、隐晶质结构(小于0.1 mm)等。其中特别应注意微晶、隐晶质和玻璃质结构的区别。微晶结构用肉眼(包括放大镜)可看出矿物的颗粒，而隐晶质和玻璃质结构，则用肉眼(包括放大镜)看不出任何颗粒来，但两者可用断口的特点相区别；隐晶质的断口粗糙，呈瓷状断口，玻璃质结构的断口平整，常具贝壳状断口。

结晶质结构中按组成岩石的矿物颗粒的相对大小又可分为等粒结构、不等粒结构、斑状结构和似斑状结构等。

观察描述结构时，应注意矿物的结晶程度、颗粒的绝对大小和相对大小等特点。通常深成岩多为显晶质粗—中粒结构，浅成岩多为似斑状结构、细粒结构，喷出岩多为隐晶质、斑状、玻璃质结构。

2.岩浆岩的构造

岩浆岩的构造是指组成岩石的矿物集合体形态、排列方式及其相互关系等展现出来的总体特征，是岩浆岩形成条件与环境的反映。

岩浆岩常见的构造为块状构造、气孔构造、杏仁构造和流纹构造等。块状构造是深成岩最常见的构造，如花岗岩、花岗闪长岩、闪长岩、橄榄岩等；气孔构造、杏仁构造和流纹构造为喷出岩所具有，如流纹岩中见拉长的气孔相互平行排列而现流纹构造；玄武岩常见气孔构造，当气孔被后期钙质或硅质矿物充填时，则形成杏仁构造。

(三)岩浆岩的矿物成分

组成岩浆岩的主要矿物可分为铁镁矿物和硅铝矿物两大类。铁镁矿物包括橄榄石、辉石、角闪石和黑云母等，它们颜色较深，称为深色或暗色矿物；硅铝矿物包括长石、石英等，颜色浅，称为浅色矿物。

对于显晶质结构的岩石，应注意观察描述各种矿物，特别是主要矿物的颜色、晶形、光泽、解理、断口等最具特征的性质，并目估其含量。尤其应注意以下几方面：

①观察有无长石，若有则应鉴定长石的种类，并分别目估其含量。

②观察有无石英、橄榄石，若有石英出现，则为酸性岩；若有橄榄石出现，则为超基性和基性岩；

③鉴定暗色矿物的成分，并目估其含量。特别注意普通辉石和普通角闪石，以及它们和黑云母的区别。

④对具斑状结构或似斑状结构的岩石则应分别描述斑晶和基质的成分和特点、含量。基质若为隐晶质则可用色率和斑晶推断其成分；若为玻璃质则只能用斑晶来推断其成分。

（四）岩浆岩的命名

首先观察岩浆岩的颜色和矿物成分确定大类，即确定其属于超基性岩、基性岩、中性岩、酸性岩中的哪一类；再者根据结构构造特征，确定其属于深成岩、浅成岩还是喷出岩，最后按岩浆岩分类表纵横交汇确定岩石的基本名称。

岩浆岩的命名一般为颜色＋结构＋（构造）＋基本名称，如肉红色粗粒花岗岩。喷出岩有时仅用（颜色）＋构造＋基本名称，如气孔状玄武岩。

三、实验用品

（一）主要岩石标本

主要岩石标本如表4-2所示。

表4-2 岩石标本

序号	标本名称	序号	标本名称
1	橄榄岩	6	花岗岩
2	辉长岩	7	斑状花岗岩
3	玄武岩	8	石英斑岩
4	闪长岩	9	流纹岩
5	安山岩	10	火山角砾岩

注：标本照片如附录3中图21至图30所示。

（二）实验工具

放大镜、小刀、条痕板、三角板、铅笔等。

四、实验报告

观察描述本次实验 1～10 号岩石手标本的颜色、结构、构造、主要矿物成分与含量，并填入附录 2 中附表 3。

五、作业及思考题

1. 花岗岩与闪长岩中暗色矿物成分是否相同？
2. 为何深成岩比浅成岩结晶程度好？
3. 气孔构造、流纹构造为何仅见于喷出岩中？
4. 岩浆岩的结构、构造与形成环境之间有何联系？

教学参考资料（一）：常见岩浆岩的主要特征

流纹岩：

颜色各不相同，多呈浅粉红色、灰白色、浅棕色；斑状结构或隐晶质结构，斑晶常为石英、钾长石（钾长石常呈轮廓矩形，无色透明；解理面明显，并现珍珠光泽）；常见流纹构造或块状构造。

安山岩：

颜色变化大，可以从白色到黑色，以灰色、紫色、绿色较常见；斑状结构（也见无斑隐晶结构），斑晶主要是斜长石，也有角闪石、黑云母或辉石，不含石英；常见气孔构造、杏仁构造，也见块状构造。最常见的安山岩多呈熔岩状产出。

玄武岩：

一般为黑色至深灰色；隐晶质结构或斑状结构，斑晶多为基性斜长石，或橄榄石和辉石；常见气孔构造、杏仁构造。有的层状玄武岩发育柱状节理，形成规则的六边形柱体；海底喷发的玄武岩常具枕状构造。

花岗岩：

灰白色、浅红色；粗粒—细粒结构或似斑状结构；块状构造；主要矿物成分为长石和石英，暗色矿物主要是黑云母和角闪石。

闪长岩：

灰色、灰黑色或浅绿色；全晶质等粒结构；块状构造或条带状构造；矿物成分主要为斜长石及角闪石，次要矿物为黑云母和辉石。

辉长岩：

黑色、灰黑色或略带红的深灰色；全晶质中—粗粒结构；块状构造或条带状构造；主要矿物成分为斜长石和辉石，次要矿物为橄榄石、角闪石、黑云母等。肉眼观察时，当深色矿物含量超过浅色斜长石时，即可确定为辉长岩。

橄榄岩：

多呈黑色、深绿色或褐绿色；全晶质中—粗粒结构；块状构造；主要矿物为橄榄石和辉石，次要矿物为角闪石、黑云母等，偶见基性斜长石。在地表易蚀变成绿色、隐晶质、具滑感的蛇纹岩。

教学参考资料（二）：岩浆岩标本肉眼鉴定范文

橄榄岩：

岩石呈灰绿色，色率达到×左右。全晶质，等粒状。主要由橄榄石组成，占×%，少量辉石和斜长石，分别占×%和×%。偶见黑色不透明矿物，可能为铬铁矿。橄榄石呈自形粒状，粒径×～×mm。岩石呈细粒状结构，块状构造。

玄武岩：

岩石呈灰黑色。斑状结构，斑晶占×%，由自形斜长石及辉石组成，粒径×mm，其中斜长石占斑晶的×%，辉石占×%。基质隐晶质，无法分辨其矿物组成。岩石中有气孔，多为圆形，已被碳酸盐矿物充填形成杏仁体。岩石为斑状结构，基质隐晶质结构，杏仁状构造。

斑状花岗岩：

岩石呈灰白色，色率×。根据粒径不同可区分为斑晶和基质。斑晶主要为白色正长石，自形—半自形，粒径×～×mm，含量约占岩石的×%。基质占岩石的×%，由半自形的长石、黑云母和它形石英组成，粒径×～×mm，含量分别占岩石的×%、×%、×%。岩石呈似斑状结构，基质半自形粗粒状结构，块状构造。

石英斑岩：

岩石呈浅灰绿色，由斑晶石英及隐晶质基质组成。斑晶石英呈六方自形形态，有时可见溶蚀成圆形，粒径×～×mm，含量×%。偶有黑云母自形斑晶。基质浅灰绿色，致密状，无法分辨矿物颗粒，占全岩×%。岩石呈斑状结构，基质隐晶质结构，块状构造。

第五章

常见沉积岩鉴定(实验四)

一、实验目的与要求

1. 学习沉积岩的肉眼鉴定方法，了解沉积岩的一般特征。
2. 观察沉积岩常见的结构与构造，加深对沉积作用的理解。
3. 掌握常见碎屑岩、碳酸盐岩的鉴定特征。

二、实验内容与方法

(一)碎屑岩的肉眼鉴定

1. 碎屑岩的颜色

沉积岩的颜色在一定程度上反映了岩石的组分和形成环境，根据颜色可以大致判断沉积岩形成的环境和矿物组成。如白色或浅灰色的沉积岩多由石英、方解石等矿物组成；深灰色至黑色的岩石说明其含有机质或分散硫化铁成分，是还原环境下的产物；红色的岩石可能含有钾长石或氧化铁，是在氧化环境下生成的；绿色的岩石一般含有二价铁的硅酸盐矿物，代表弱氧化或弱还原环境。

另外，对次生(风化)色有时亦需描述。

2. 碎屑岩的成分

主要描述碎屑颗粒和胶结物两部分的物质成分。

(1)碎屑成分

碎屑岩中的碎屑物质包括矿屑和岩屑两类。常见的矿屑有石英、长石和白云母。岩屑多出现在较粗的碎屑岩中，常见的岩屑为石英岩、燧石岩、砂岩、粉砂岩和中酸性岩浆岩等。在观察鉴定岩石时，要求鉴定出主要矿物和岩屑名称。

（2）胶结物成分

常见的胶结物有钙质、硅质、铁质、泥质四种。主要区别如表5-1所示。

表5-1 不同成分胶结物的区别

胶结物成分	颜色	岩石固结程度	胶结物硬度	加稀盐酸
钙质	灰白色	中等	小于小刀	剧烈起泡
硅质	灰白色	致密坚硬	大于小刀	无反应
铁质	褐红色、褐色	致密坚硬	约等于小刀	无反应
泥质	灰白色	松软	小于小刀	无反应

3. 碎屑岩的结构

碎屑岩的结构是指构成碎屑岩的矿物和岩石碎屑的大小、形状以及不同组分之间的关系。碎屑岩的结构总称为碎屑结构，包括碎屑颗粒的结构、胶结物的结构、孔隙的结构以及碎屑颗粒与胶结物之间的关系。这里肉眼鉴定主要观察碎屑颗粒的结构。

根据碎屑粒径大小，碎屑岩的结构分类如图5-1所示。

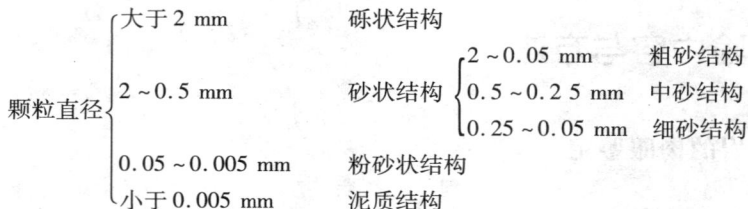

颗粒直径
- 大于2 mm　　砾状结构
- 2～0.5 mm　　砂状结构
  - 2～0.05 mm　　粗砂结构
  - 0.5～0.25 mm　　中砂结构
  - 0.25～0.05 mm　　细砂结构
- 0.05～0.005 mm　　粉砂状结构
- 小于0.005 mm　　泥质结构

图5-1 碎屑岩的结构分类

砾状结构的岩石，可用尺子直接测量颗粒的大小、圆度、球度，目估各种粒径砾石的含量，以确定其分选性；砂状结构的岩石应尽量目估其颗粒大小，同时估计各粒级的百分含量以确定其分选性。在目估粒度时，可用已知粒级的砂粒管进行对比。

分选性：肉眼描述时，目估同一粒级颗粒的含量，若其含量占碎屑颗粒总量的75%以上，或其颗粒大小接近相等时，称为分选好；若同一粒级颗粒的含量为75%～50%，则为分选中等；若没有一种粒级成分超过50%，或颗粒大小相差悬殊，则为分选差。

磨圆度：用肉眼或放大镜观察，并用估计方法确定碎屑颗粒的磨圆程度，通常将碎屑岩手标本的圆度划分4个级别，即棱角状、次棱角状、次圆状、圆状。对磨圆度的观察描述，一般对中砂和大于中砂粒级的岩石才具有意义。

4. 碎屑岩的沉积构造

碎屑岩的沉积构造和颜色是碎屑岩的宏观特征，是表征沉积介质和能量的重要标志。露头和岩心是研究沉积岩宏观构造的主要对象，在室内手标本观察时应注意沉积构造的较微细特征。

（1）层理构造

碎屑岩常见水平层理、平行层理、波状层理、交错层理、粒序层理等（图5-2），描述手标本上层理的识别特征，注意观察层理中纹层、层系、层系组与层的关系；学会确定岩层的顶底界面。

层理类型		序号	层理形态	层系	层组
水平层理		1			
波状层理		2			
交错层理	板状	3		层系	纹层
	楔状	4			层组
	槽状	5			
递变层理		6			
透镜状层理		7			
韵律层理		8			

图5-2　层理类型

（2）层面构造

层面构造包括波痕、雨痕、泥裂、生物遗迹等。注意观察波痕的形态、对称性及延伸方向，确定产生波痕的介质类型（流水、波浪、风），以及介质运动方向；观察泥裂的平面形态与剖面形态，由断裂面的"V"形特点，识别岩层的顶底界面。

（3）结核

结核是一种成分、结构和颜色与围岩不同的矿物集合体，主要有钙质结核、铁质结核，注意观察结核的物质成分及其形态上的差异。

若手标本上能见到层面和层理构造则应尽量描述。若手标本上见不到特殊的构造，则表明该岩石的岩层厚度较大，一般将其称为块状构造即可。

5. 碎屑岩的定名

碎屑岩主要是根据碎屑粒级确定岩石的基本名称，即砾岩、砂岩、粉砂岩等；再根据岩石的颜色和成分，包括碎屑成分和胶结物成分，予以定名。即颜色＋胶结物成分＋次要碎屑成分＋主要碎屑成分＋基本名称，如黄褐色钙质石英粗砂岩，灰色长石石英细砂岩等。

（二）碳酸盐岩的肉眼鉴定

1.碳酸盐岩的颜色

碳酸盐岩主要由方解石和白云石两种碳酸盐岩矿物组成，其颜色与碎屑岩相比，相对单调，一般为浅色，且以灰色、灰白色为主，但因混入物成分和含量不同，也可呈现不同的颜色。如混入有机质者为深灰色或黑色；混入氢氧化铁者为紫色、褐红色等；含铁白云石者呈米黄色或褐色。据此，由颜色可大致推测其混入物的成分。总之，描述颜色要以其总体色调为准。

2.碳酸盐岩的成分

根据方解石和白云石的含量，将碳酸盐类岩石划分为石灰岩（方解石含量大于50%）和白云岩（白云石含量大于50%）两大类，有时因含有较多的黏土矿物，可形成与泥质岩过渡的泥灰岩。因此，确定碳酸盐岩的矿物成分，对岩石的定名是很重要的。碳酸盐类岩石的矿物成分一般是根据与稀盐酸(5%)的反应程度而定，具体为：

①加稀盐酸剧烈起泡并嘶嘶作响者，主要成分为方解石，应为石灰岩。

②加稀盐酸微弱起泡或不起泡，主要为白云石组成，应为白云岩。

③加稀盐酸剧烈起泡后，留下泥质物质者，说明其主要成分除方解石外，还含有大量泥质（黏土矿物）成分，应为泥灰岩。

3.碳酸盐岩的结构

碳酸盐岩中石灰岩类结构类型较复杂，可分为碎屑结构、生物碎屑结构和晶粒结构三类。白云岩一般为晶粒结构。

碎屑结构：可见到明显的碎屑颗粒，如内碎屑、生物碎屑、鲕粒、球粒、核形石等。

生物结构：由原地生长的生物，如珊瑚、层孔虫、海绵等的钙质骨骼堆积而成。

晶粒结构：是方解石或白云石晶体镶嵌而成的结构。可根据晶粒粒径大小进一步划分为砾晶（大于2 mm）、砂晶（2～0.25 mm）、粉晶（0.25～0.05 mm）、泥晶（小于0.05 mm）；砂晶还可细分为粗晶（2～1 mm）、中晶（1～0.5 mm）、细晶（0.5～0.25 mm）。

4.碳酸盐岩的沉积构造

具碎屑结构的碳酸盐岩中可见与陆源碎屑岩常见的各种沉积构造，包括水平层理、平行层理、交错层理、粒序层理等，此外还发育一些特有的沉积构造，如叠层石构造、鸟眼构造、示顶底构造及缝合线构造等。

叠层石构造由富藻纹层（有机质含量高，色暗，又称暗层）和富碳酸盐纹层（藻类含量少，色浅，又称亮层）两种基本层交互组成，其形态多样，反映了其沉积环境的水动力条件，通常层状叠层石生成环境的水动力条件较弱，而柱状叠层石生成环境的水动力条件较强。

缝合线构造示碳酸盐岩常见的一种裂缝构造，在岩层的剖面上呈锯齿状的曲线。仔细观察灰岩中的缝合线，注意其大小、起伏程度，及其与层面的关系；了解缝合线的成因和意义。

5. 碳酸盐岩的定名

碳酸盐岩的基本名称以矿物成分确定，再根据岩石的颜色、结构予以定名，即颜色 + 结构 + 基本名称，如灰色鲕状灰岩、浅灰色细晶灰岩、深灰色细晶白云岩等。

三、实验用品

(一)主要岩石标本

主要岩石标本如表 5 – 2 所示。

表 5 – 2 岩石标本

序号	标本名称	序号	标本名称
1	砾岩	6	泥灰岩
2	石英砂岩	7	灰岩
3	长石石英砂岩	8	竹叶状灰岩
4	粉砂岩	9	鲕状灰岩
5	页岩	10	白云岩

注：标本照片如附录3中图31至图40所示。

(二)实验工具

放大镜、小刀、三角板、铅笔、稀盐酸等。

四、实验报告

观察描述本次实验 1~10 号岩石手标本的颜色、结构、构造、矿物成分和含量，并填入附录2附表3中。

五、作业及思考题

1. 组成沉积岩的常见矿物有哪些？
2. 石英砂岩中石英的含量至少占多少？长石石英砂岩中长石的含量至少占多少？
3. 如何区分石英砂岩与花岗岩？
4. 鲕状灰岩的鲕粒与细晶灰岩中的方解石晶粒有何不同？
5. 如何区分灰岩与白云岩？

教学参考资料：沉积岩标本肉眼鉴定范文

石英砂岩：

岩石呈灰白色、坚硬、致密，主要由细粒石英砂组成，砂粒外形难以分辨，粒径为×～×mm，未见长石和岩屑。胶结物硅质，将岩石紧密胶结成镶嵌状。岩石呈砂状结构，块状构造。

页岩：

岩石呈土黄色、柔软、细腻，主要由黏土质组成。页理发育，沿页理容易剥开，并见植物叶片化石。岩石呈泥状结构，水平层理构造。

鲕状灰岩：

岩石呈灰红色，由暗红色鲕粒和白色胶结物组成。鲕粒呈圆形，隐约可见同心圆状内部构造，表面呈暗红色，直径为×～×mm，含量为×%。胶结物为方解石质，颗粒细小，围绕鲕粒分布并胶结岩石，占×%。岩石呈鲕状结构，块状构造。

白云岩：

岩石呈灰白色，风化面可见刀砍状裂隙。由半自形—自形粗粒状白云石组成，粒径为×～×mm。岩石呈粗粒状结构，块状构造。

第六章

常见变质岩鉴定（实验五）

一、实验目的与要求

1. 了解变质岩的结构、构造特征。
2. 初步掌握变质岩描述和肉眼鉴定的方法。
3. 认识和熟悉几种典型变质岩的岩性特征。

二、实验内容与方法

(一)区域变质岩的肉眼鉴定

区域变质岩肉眼观察描述的内容、方法与沉积岩、岩浆岩大体相似，包括以下内容。

1. 颜色

区域变质岩的颜色比较复杂，它既与原岩有关又与变质岩矿物成分有关。因此，颜色虽可帮助于鉴定矿物成分，但与其他两大类岩石相比，重要性则较差。变质岩的颜色常不均一，应注意观察其总体色调。

2. 结构与构造

区域变质岩的结构主要为变晶结构，仅少数为变余结构。变晶结构在肉眼下很难与结晶质结构相区别。描述变晶结构时同样应注意矿物的结晶程度、颗粒大小、形状等特点。

区域变质岩的典型特征构造是由矿物沿一定方向排列而形成的定向构造，即片理。片理是区域变质岩特有的一种构造。根据其剥开的难易，剥开面和平整程度和光泽，结合矿物重结晶程度等特征，可将片理中的板状、千枚状、片状和片麻状四种构造区分开。区域变质岩中亦有块状构造。

3. 矿物成分

描述区域变质岩的成分时,应注意主要矿物,次要矿物和特征变质矿物。一般按矿物含量从多到少的顺序进行描述。

4. 岩石的定名

区域变质岩中具有定向构造的岩石,以定向构造为其基本名称。若肉眼可识别出主要矿物或特征变质矿物时,亦应作为定名内容。一般命名原则可概括为:颜色 + 矿物成分 + 基本名称。如蓝灰色蓝晶石片岩、角闪石斜长片麻岩、黑云母片岩。

(二)接触变质岩的肉眼鉴定

接触变质岩分为接触交代变质岩和接触热变质岩两种。

接触交代变质岩的颜色、成分均复杂多变,与原岩成分及交代有密切关系,典型岩石为矽卡岩,常含多种金属矿物。

接触热变质岩的典型岩石为石英岩和大理岩,为典型的致密变晶结构,块状构造。注意观察两者的硬度差别。

(三)动力变质岩的肉眼鉴定

此类岩石的基本类型是根据变形行为、破碎程度和重结晶程度确定的,如角砾岩、糜棱岩、千糜岩,且破碎程度与重结晶程度同比增加。

(四)混合岩的肉眼鉴定

注意区分基体部分和脉体部分,一般前者颜色较深,常为深灰、灰色等;后者颜色较浅,常为灰白、肉红色等。同时注意脉体与基体混合的形态,形态不同,其混合岩也不同,如条带状混合岩、肠状混合岩、斑点状混合岩等。

三、实验用品

(一)主要岩石标本

主要岩石标本如表 6 - 1 所示。

表 6 - 1 岩石标本

序号	标本名称	序号	标本名称
1	板岩	6	石英岩
2	千枚岩	7	大理岩
3	石英云母片岩	8	混合岩

续表 6 - 1

序号	标本名称	序号	标本名称
4	绿泥石片岩	9	矽卡岩
5	片麻岩	10	构造角砾岩

注:标本照片如附录 3 中图 41 至图 50 所示。

(二)实验工具

放大镜、小刀、三角板、铅笔等。

四、实验报告

观察描述本次实验 1～10 号岩石手标本的颜色、结构、构造、矿物成分与含量,并填入附录 2 附表 5 中。

五、作业及思考题

1. 板岩、千枚岩、片岩有何主要区别?
2. 如何区分石英岩和大理岩?
3. 何为片状构造?何为片麻状构造?

教学参考资料:变质岩标本肉眼鉴定范文

千枚岩:

岩石呈浅灰绿色,隐晶质变晶结构。颗粒细小,肉眼不能分辨,但可见较强的丝绢光泽。岩石质地柔软,小刀可划动。千枚状构造。

白云母片岩:

岩石呈灰白色,风化面土黄色。主要矿物为白云母,粒径 ×～× mm,含量达 ×%。少量粒状矿物,粒径小于 × mm,疑似石英,含量 ×%。岩石呈鳞片变晶结构,片状构造。

花岗片麻岩:

岩石呈灰白色。主要矿物为石英、钾长石和黑云母。钾长石可分为大小两群,大者(变斑晶)半自形,×～× mm;基质中钾长石它形为主,×～× mm;含量约占全岩的 ×%。石英主要存在于基质中,与钾长石相伴,粒径 ×～× mm,含量 ×%。黑云母存在于基质中,呈片状,有定向性排列,粒径 ×～× mm,含量 ×%。岩石呈鳞片粒状变晶结构,片麻状构造。

第七章

地质罗盘使用及构造模型观察（实验六）

一、实验目的与要求

1. 了解地质罗盘的结构，学会使用地质罗盘测量目标物的方位角和地层（模型）的产状等。
2. 认识不同产状的岩层、褶皱、断层、节理的主要特征。
3. 观察地层接触关系，结合褶皱、断裂、岩浆活动建立地质体的时空概念。

二、实验内容与方法

（一）学会使用地质罗盘

1. 地质罗盘仪的结构

地质罗盘仪是地质工作者必须掌握的工具，其样式较多，基本原理和结构大体相同。一般是由磁针、磁针制动器、刻度盘、测斜器、水准器、瞄准器（觇标）、反光镜等组成，安装在圆形金属外盒内（图7-1）。

2. 地质罗盘的校正

地质罗盘磁针指示的是地磁场的南极和北极，与地理的南极和北极不完全重合，两者之间的夹角称为磁偏角。若地球上某点磁北方向偏于正北方向的东边，称为东偏（记为＋）；若偏于正北方向的西边，称为西偏（记为－）。地球上各点的磁偏角均定期计算并公布，表7-1列出了2011年我国部分地区的磁偏角；在正规的地形图上都有该地磁偏角的说明。

在赤道以外，地球表面任一点的地磁场总强度的矢量方向与水平面有一个夹角，称为磁倾角。由于磁倾角的存在，地质罗盘的小磁针不水平，北半球北针向下，南半球南针向下。为了平衡小磁针，通常在小磁针上缠绕几节铜丝，用重力使小磁针保持水平。我国地处北半球，铜丝位于南针。因纬度不同，小磁针自然下偏的角度不同，越靠近两极，磁倾角越大，所

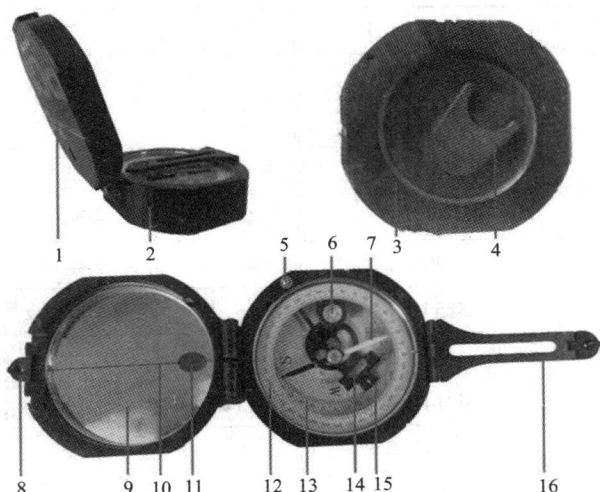

图7-1　地质罗盘仪的基本结构

1—上盖；2—磁偏角校正器；3—底座；4—管水准器调节钮；5—磁针制动螺丝；
6—圆水准仪；7—磁针；8—短觇标；9—反光镜；10—分划线；11—椭圆孔；
12—水平刻度盘；13—测斜刻度盘；14—管水准仪；15—测斜指针；16—长觇标

以需要调节铜丝的位置，使小磁针保持水平。

　　地质罗盘在使用前需进行磁偏角校正。使用地质罗盘附带的工具转动刻度盘来校正螺丝，使刻度盘转动到磁偏角大小的度数，即可校正。若磁偏角西偏，使刻度盘逆时针转动；若磁偏角东偏，则使刻度盘顺时针转动。

表7-1　我国各大中城市的磁偏角(2011年值)

序号	地名	磁偏角 D	序号	地名	磁偏角 D
1	齐齐哈尔	9°37′(W)	27	武昌	3°10′(W)
2	哈尔滨	9°40′(W)	28	南昌	3°10′(W)
3	延吉	9°26′(W)	29	沙市	2°54′(W)
4	长春	9°03′(W)	30	台北	3°03′(W)
5	沈阳	7°54′(W)	31	西安	2°19′(W)
6	大连	6°47′(W)	32	福州	3°12′(W)
7	承德	6°14′(W)	33	长沙	2°30′(W)
8	烟台	6°01′(W)	34	赣州	2°37′(W)
9	天津	5°29′(W)	35	兰州	1°22′(W)
10	济南	4°40′(W)	36	厦门	2°27′(W)
11	青岛	5°20′(W)	37	重庆	1°34′(W)

续表 7-1

序号	地名	磁偏角 D	序号	地名	磁偏角 D
12	保定	5°14′(W)	38	西宁	0°49′(W)
13	大同	4°32′(W)	39	桂林	1°39′(W)
14	徐州	4°41′(W)	40	成都	0°58′(W)
15	太原	4°01′(W)	41	贵阳	1°19′(W)
16	包头	3°49′(W)	42	康定	0°41′(W)
17	北京	5°54′(W)	43	广州	1°38′(W)
18	上海	4°32′(W)	44	昆明	0°46′(W)
19	合肥	4°14′(W)	45	保山	0°41′(W)
20	杭州	4°24′(W)	46	南宁	1°04′(W)
21	安庆	3°50′(W)	47	海口	1°17′(W)
22	洛阳	3°38′(W)	48	拉萨	0°23′(E)
23	温州	3°56′(W)	49	玉门	0°12′(E)
24	南京	4°48′(W)	50	和田	2°47′(E)
25	信阳	3°35′(W)	51	乌鲁木齐	3°16′(E)
26	汉口	3°10′(W)			

3. 测量构造面产状

构造面(含地层层面、断层面、节理面等)的产状指的是构造面在三维空间的产出状态，产状要素的测量包括走向、倾向和倾角的测量。

（1）走向测量

打开地质罗盘的上盖到极限位置，将地质罗盘的一个长边靠在岩层面上，调节地质罗盘使圆水准器的气泡居中，待磁针停止摆动后，北针或南针所指的刻度盘读数即为岩层的走向（图7-2）。一般情况下，岩层的走向读数取靠近北的方向，即0°~90°、270°~360°。

（2）倾向测量

将地质罗盘的上盖紧靠岩层上层面，使地质罗盘上盖背面与岩层上层面平行，转动地质罗盘使圆水准器气泡居中，待磁针稳定后，读取北针所指刻度即为岩层倾向（图7-2）。如果岩层的上层面不方便测量，可以测量岩层的下层面。测量下层面时，南针所指的刻度才是岩层倾向。

实际工作中只要测量岩层倾向即可，倾向加减90°即为岩层的走向。

（3）倾角测量

测量完倾向后，不要移动地质罗盘上盖的位置，使地质罗盘的上盖完全打开，把地质罗盘转90°，使罗盘底面垂直于层面，转动罗盘底面的把手，使长水准器的气泡居中，这时测斜盘上的游标所指的测斜刻度盘上的读数即为倾角（图7-2）。

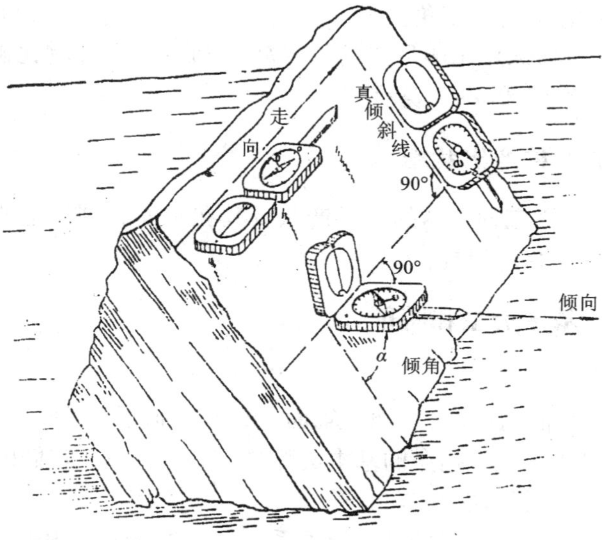

图7-2　岩层的产状要素及其测量方法

岩层产状要素的记录方式通常采用倾向和倾角来表示。如测量出某一岩层走向为310°，倾向为220°，倾角为35°，则记录为220°∠35°。

4. 测量目标物方位

测量目标物方位时，假设我们在图7-3中A处，首先打开地质罗盘盖，放松制动螺丝，让磁针自由转动。将瞄准器对准被测的目标物(图7-3中的B)，然后转动反光镜，使目标物及长瞄准器都映入反光镜，调整地质罗盘，使目标物的像与长瞄准器、镜子中线在镜中重合(即三点一线)。同时使地质罗盘水平(圆水准器的气泡居中)。通过按下放松制动螺丝使磁针停止摆动。此时，北针所指刻度盘上的读数，即为目标物的方位(图7-3)。

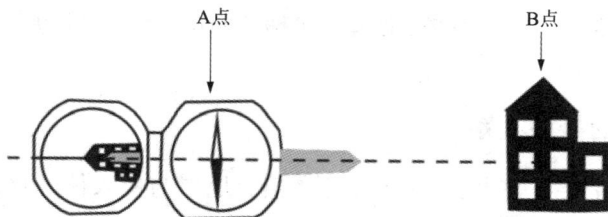

图7-3　目标物方位的测量

5. 测量目标物坡度角

测量坡度角时，在坡顶、坡底各站一人，或者立一与测量者等高的标杆。使地质罗盘的瞄准器、底壳、上盖构成三角形。眼睛透过瞄准器上的孔、上盖的孔，找到坡顶或坡底的另一人或者标杆上与测量者眼睛等高的位置，调节长水准器的气泡居中，这时测斜盘上的游标所指测斜刻度盘上的读数即为坡度角。

坡度角可分为仰角(目标物比测量点的位置高)和俯角(目标物比测量点的位置低)，记录时分别在读数前添加"＋"和"－"表示。

(二)观察岩层的几种产出状态

观察水平、倾斜、直立三种基本的岩层产状及其在平面和剖面上的特征；观察新、老地层在此三种产状模型中的相对位置。

(三)观察褶皱的基本类型和特征

主要内容包括：

①通过观察，了解褶曲的核部、翼部、轴面、枢纽、轴迹等要素。

②学会判断褶皱是否存在。褶皱的基本类型是背斜和向斜，它们的共同特点是新、老地层在平面上和剖面上均呈对称式分布。

③确定褶皱的性质。根据地层的新、老关系及产状区分背斜和向斜，若从核部到翼部，地层是由老变新，则该褶皱是背斜，反之则是向斜；正常叠置分布的地层(上新下老)向上拱曲的是背斜，向下弯曲的是向斜。

(四)观察断层的基本类型和特征

主要内容包括：

①通过观察，掌握断层面、断层带和断层线、断盘(上盘、下盘)、断距等断层要素的含义。

②确定断层存在的依据。模型中断层是否存在，主要观察地层(岩石)是否不连续，沿走向或倾向是否被错断，以及地层是否出现重复或缺失。此外，还可观察断层带(面)上是否有擦痕、阶步、构造岩及其他标志。

③判断断层的性质。通过观察断层两盘的运动方向，确定断层的基本类型是正断层、逆断层还是平移断层。

④根据断层组合关系，判别地垒、地堑、阶梯状断层、叠瓦状断层、放射状断层、环状断层等。

(五)观察地层的接触关系

地层的接触关系主要有整合、假整合、不整合；地层与侵入体的接触关系有侵入接触和沉积接触；此外，还有断层接触。

观察地层接触关系模型，掌握其基本特征，明确其地质意义。

三、实验用品

1.地质罗盘仪。
2.各种产状的岩层模型。

3. 各类褶皱模型。

4. 各类断层模型。

5. 各类地层接触关系模型

6. 各种标本，包括小型褶皱、节理、构造角砾岩、碎斑岩、糜棱岩等。

四、实验报告

1. 测量地层(模型)的产状，并把测量结果记录在实验报告表中。

2. 描述各种地质模型的平面、剖面特征。

五、作业及思考题

1. 试述地质罗盘的结构。

2. 如何校正地质罗盘？

3. 地质罗盘有哪些用途？如何测量地质体的产状？

4. 如何确定褶皱构造的存在？背斜和向斜的主要区别在哪里？

5. 确定断层存在有哪些标志？判断一条断层的性质需要哪些素材？

6. 如何确定平行不整合和角度不整合的存在？

7. 研究地层接触关系有何地质意义？

第八章

地质图识读(实验七)

一、实验目的与要求

1. 学习地质图的基本知识,认识地质图。
2. 了解地质图的内容、组成要素及格式,掌握读图方法。
3. 认识不同产状的地层在地质图上的表现特征。
4. 学会判读地质图中的褶皱、断层及其形成时代。
5. 学会判读地质图中不同类型的地层接触关系。
6. 学会判读岩浆岩体概况及其侵入时代。

二、实验内容与方法

(一)地质图简介

地质图是用规定的符号、颜色和花纹将一个地区的各种地质现象,如地层、构造、岩体及矿床等的时代、产状、分布及其相关关系,按一定比例投影到地形图上的一种图件。一幅正规的地质图除了图件正文部分外,还应有图名、比例尺、图例、图切地质剖面图、地层柱状剖面图和责任表(包括编图单位、人员、日期、资料来源等)。

1. 图名

表明图幅所在地区和图的类型,如《长沙地区地质图》,通常用整齐美观的字书写在图的正上方。

2. 比例尺

表示图幅内地质体的详细程度与实际大小,有数字比例尺与线条比例尺两种,数字比例尺用分数表示图上长度与实地长度的比例,如 1:1000 表示图上 1 cm 相当实地 1000 cm 即 10 m。分子规定用 1,因此,分母越大,表明图缩得越厉害。线条比例尺是在图上绘一直线如尺状，在该直线上截取若干段、每段标出所代的实地长度（m 或 km）。比例尺一般放在图名下或图框下方正中位置。

3. 图例

它是阅读地质图的向导，凡是地质图上表示的地层、岩石、构造及其他地质现象都应有图例，一般用各种颜色和符号表示，通常放在图的右方或下方。地质图例按地层岩性、侵入岩、构造、蚀变、矿化体等的顺序由上而下，或由左向右依次排列。其中，地层的顺序是由上而下由新到老排列；确定时代的喷出岩、变质岩可按其时代排列在地层图例相应的位置上。岩浆岩体图例放在地层图例之后，按由新到老排列，或按酸性到基性的顺序排列。构造图例，如地质界线、断层、岩层产状等排在岩浆岩图例之后，断层应区分是实测的或是推断的。地形图的图例一般不列于地质图图例中。

4. 图切地质剖面图

正规的地质图应附有一幅或几幅切过图区主要构造的剖面图。剖面图要标注图名、比例尺、方位、图例。剖面图的放置一般将剖面线的南端或南东、北东、东端放在图的右边，剖面线的北端或南西、北西、西端放在图的左边。图例与地质图一致。

5. 地层柱状剖面图

为了能顺利地阅读地质图，一般地质图正图的左侧常附有地层柱状剖面图。它将一个地区的全部地层按其时代顺序、接触关系及各层位的厚度编制而成。它包括比例尺、地层代号、地层厚度、岩性符号、层序、岩性简述、化石、矿产等。根据具体地质工作的不同要求，还可增加侵入岩体、化石分布等内容。根据地层柱状图还可分析该地区概略的地质发展历史。

（二）地质图读图方法和步骤

第一步是读图框外的内容。主要包括阅读图名、比例尺、图例和地层柱状剖面图、图切地质剖面图。通过这一步，可以了解图幅区的地理位置、范围大小和制图精度。特别是可了解本区有哪些时代的地层、岩石类型、岩性特点、地层接触关系、地质构造特征，即对地质图幅有一总体的概念。

第二步是读图框内的内容。首先根据地形等高线、水系及标高点的分布情况，了解本区的地形特点与山脉、水系分布的主要方向，地形和岩性、构造的关系；然后对照图例了解各时代地层的分布和产状，主要褶皱和断层构造的分布方向，岩浆岩体的分布和产状等，查明该区总的地质构造轮廓。在这一基础上，便可对地层、褶皱、断层、岩浆岩、变质岩及矿产等进行详细分析。

第三步是综合归纳与总结。地质图中的地质构造不是孤立的，而是地质现象在该地区历史演变发展的结果，表示了该地区所经受的各种地质作用及其结果。通过对地质现象逐一分析，找出他们之间的内在联系，总结该区地质构造在空间和时间上的发展规律，各种矿产的生成与分布规律，对该区的地质概况有全面的了解。

(三)地质图读图分析要点

1.了解自然地理状况

读地形图时,应从水系入手,结合等高线,分析区内山区、丘陵、平原的分布,了解山头、鞍部、洼地、山谷、山脊的分布;根据等高线的疏密,了解地形的陡缓;结合地物,了解居民区的分布、交通状况等,全面掌握研究区的自然地理概况。

2.判读不同产状的地层

地层的出露形态与地层产状有关,而且受地形的影响。对水平岩层而言,其地质界线与地形等高线平行或重合,且岩层出露宽度取决于岩层厚度和地面坡度;倾斜岩层的地质界线切穿地形等高线,受岩层产状和地形的影响,界线表观为"V"字形曲线;直立岩层的地质界线切割地形等高线,为一条与岩层走向一致的直线。

3.判读地质图中的褶皱

在研究区具有代表性的部位,选择一条或几条垂直于岩层走向的剖面,从老地层出露处着手,沿倾向或反倾向穿越,了解不同时代地层的分布规律,从新老地层的相对位置及两翼的地层产状确定褶皱的类型,以及背斜和向斜的核部、翼部位置、褶皱数目及组合方式。

褶皱形成时代的确定主要是依据不整合面上、下两套地层的时代来确定。褶皱形成于不整合面以下地层中最新的地层时代之后,不整合面以上地层中最老的地层时代之前。

4.判读地质图中的断层

(1)走向断层或纵断层(断层走向与岩层走向或褶皱轴向大体一致)

它可造成岩层的重复或缺失现象。在断层线上任意指定一点,则出现较老岩层一侧为上升盘,出现较新岩层一侧为下降盘。但有一个例外,即断层面倾向与岩层倾向一致而断层倾角小于岩层斜角时,在出现较老岩层一侧为下降盘,较新岩层一侧为上升盘。断层两盘相对位移情况确定后,再根据断层面的倾向即可确定是正断层或逆断层。

(2)横向断层或斜向断层(断层走向与岩层走向或褶皱轴向垂直或斜交)

它可造成岩层或褶皱的中断或错开现象。①当横向或斜向断层切割倾斜岩层时,地质图上都表现为岩层界线的错移,而且岩层界线向该岩层倾斜方向移动的一盘为相对上升盘(即出现较老岩层)。②当横向或斜向断层切过褶皱时,则会使褶皱核部(或轴部)在断层两侧发生宽窄的变化,背斜核部变宽或向斜核部变窄的一盘为上升盘,反之为下降盘。同理,断层相对位移情况确定后,再根据断层面的倾向,即可确定该横向或斜向断层是正断层还是逆断层。③若横向或斜向的断层切割褶皱时,断层两盘核部只有位置的错移而无宽窄的变化,则为平移断层。

(3)断层时代的确定

①根据与角度不整合的关系来判定,断层总是发生在被其错断的最新岩层时代之后,在覆盖它的最老岩层时代之前。②根据断层的相互切割关系或断层与岩体的相互关系来判定。被切割者时代较老,切割者时代较新。

5.判读地质图中不同类型的地层接触关系

　　整合接触的各地层的地层界线相互平行，产状一致，无地层缺失；平行不整合接触的各地层的地层界线相互平行，产状一致，有地层缺失；角度不整合的下伏地层的地质界线被不整合界线切割，如果未被切割，则下伏地层倾角与上覆地层倾角有明显差异。岩体的沉积接触在地质图上表现为岩体的边界被晚于其形成时代的地层界限所切割；断层接触在地质图上表现为地层不对称式重缺失，或地层界线、岩体界线、不整合线被切断并发生位移。

三、实验用品

　　××地区地质图，见图8－1。

四、实验报告

　　1.判断图8－1中断层的性质及形成时代。
　　2.判断图8－1内发育的褶皱构造基本类型、构成核部和翼部地层及其形成时代。
　　3.说明图8－1中所反映的变质作用类型、成因及其形成时代。
　　4.说明图8－1中所反映的不整合接触关系类型及其形成时代，并按其先后顺序分别论述其反映的地壳运动过程。

五、作业及思考题

　　1.试述一张正规的地质图组成要素有哪些？
　　2.试述阅读地质图的方法和步骤。
　　3.如何确定地质图中的褶皱、断层及其形成的时代？

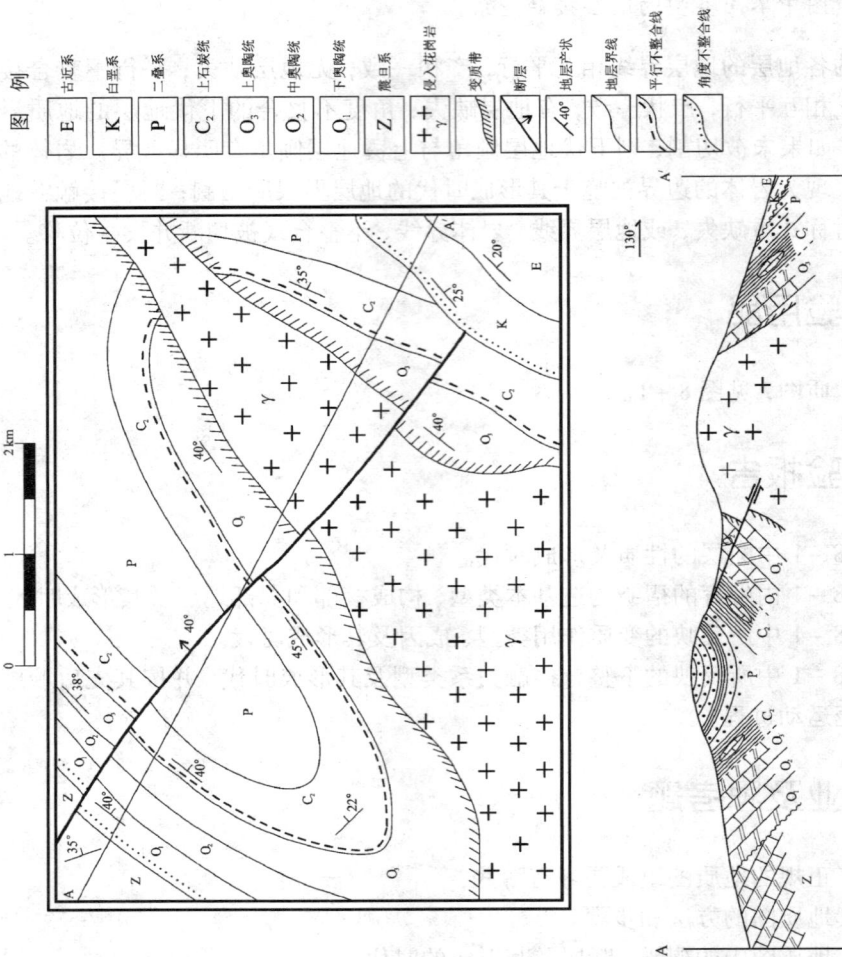

图例

E	古近系	
K	白垩系	
P	二叠系	
C₂	上石炭统	
O₃	上奥陶统	
O₂	中奥陶统	
O₁	下奥陶统	
Z	震旦系	
+γ	侵入花岗岩	
	变质带	
	断层	
↗40°	地层产状	
	地层界线	
	平行不整合线	
	角度不整合线	

柱状剖面图

界	系	统	岩性剖面	厚度(m)	岩性描述
新生界	古近系			60	红色砂泥岩夹石膏
中生界	白垩系			120	杂色泥岩和粉砂质泥岩
	二叠系			150	杂色砂岩夹泥岩
古生界	石炭系	上统		80	黑色页岩夹灰岩透镜体
	奥陶系	上统		75	白云质灰岩
		中统		250	厚层灰岩夹白云岩
		下统		110	白云岩
新元古界	震旦系			80	白云质灰岩

图8-1 ××地区地质图

第九章

参观湖南省地质博物馆(实验八)

一、实验目的与要求

1. 对各种标本进行系统的参观，扩大知识面，增强学生对地质体的感性认识，提高其学习兴趣。

2. 了解湖南岩的矿产资源、土地资源、水资源及地质灾害的类型，感悟地质工作在国民经济建设、人类生存环境、资源合理利用方面的意义。

二、湖南省地质博物馆简介

湖南省地质博物馆始建于 1958 年，是全国最早的省级地质博物馆之一。2002 年经湖南省政府批准，地质博物馆迁址重建，2008 年新馆主体工程完工，2012 年新馆正式对外开放。新馆占地 71.9 亩，建筑面积 2×10^4 m^2，外部造型仿矿物晶体形状，由 6 个展厅构成。

第一展厅——地球厅。该厅展示了地球的形成与各种地质作用所呈现的地貌，三大类岩石(火成岩、沉积岩、变质岩)的基本特征，地震与海啸形成的机理，天文天象的基本知识。

第二展厅——古生物厅。该厅展示了从古生代、中生代到新生代地球生命的演化过程，包括澄江动物群，剑齿象骨架化石，不同时代的各种恐龙模型、恐龙蛋和恐龙脚印化石，尤其是享誉中外的无齿芙蓉龙乃全世界仅有的三具之一。

第三展厅——矿物厅。可以零距离接触各种矿物，了解矿物的基本性质、矿物的分类及用途，学会识别常见矿物的基本方法。

第四展厅——矿物晶体厅。该厅共有近千件晶形完好、形态各异的矿物晶体，主要来自湖南几大矿山和国内几个主要产矿省份以及国外几个主要产矿国家。其中 300 多件是来自世界各地的矿物晶体精品和绝品，如产自美国科罗拉多州的菱锰矿、产自巴基斯坦的海蓝宝等。

第五展厅——资源厅。该厅展示了湖南省的矿产资源、土地资源、水资源的类型、特征、分布、数量、优势和不足；展示了湖南省国土资源开发利用的历史和现状、我省在国内名列前茅的矿种及其分布、省内几大矿山和省内四大地质勘探单位概况等。

第六展厅——地质环境厅。该厅展示了岩石圈、水圈和大气圈的组成及其与人类生活环境的关系；展示了地质灾害的类型及其巨大的破坏力，4D 演示泥石流实景、矿井电梯及湖南的美景。

三、实验报告

写一篇关于地质博物馆展品参观体会的短文，字数在一千字以上。

四、作业及思考题

1. 了解澄江动物群，说明化石在地质学研究中有何重要意义。
2. 地壳在矿物组成方面有哪些基本特点？为什么说岩石是矿物的集合体？
3. 主要外动力地质作用、内动力地质作用类型有哪些？其所呈现的地貌有何特点？
4. 引起块体运动的条件有哪些？如何对滑坡、泥石流等地质灾害进行防治？

第（二）部（分

地质认识实习

第十章

实习目的任务与要求

一、实习目的

地质学是一门实践性很强的自然科学，地质学的研究和知识应用都离不开对野外地质体和地质现象的观察。"地质认识实习"是地质类专业学生学完"普通地质学"课程之后进行的第一次野外实践教学，具有专业启蒙性质。其目的和意义在于通过野外地质观察和基本技能训练，使学生获得野外地质工作的基本能力。该能力包含了两个方面，其一是掌握野外地质基本技能和工作方法，包括仪器和工具的使用，基本图件和资料的利用，选线、定点、样品的采集，典型地质现象的观察、描述及记录，地质报告的编写等；其二是地质思维能力，能够在对地质体和地质现象观察及描述的基础上，分析、推理和构建其成因和形成过程。

二、实习任务与内容

1. 地质认识实习的任务

地质认识实习的任务是：对实习区典型的地质现象进行观察和描述，初步分析其成因；对野外地质工作方法和基本技能进行初步训练；了解地质灾害、旅游资源，感悟地质工作在资源、环境、国民经济建设中的作用；树立专业思想，提高自我认知能力。

2. 地质认识实习的教学内容

主要包含以下几方面：

①地质作用部分。内动力地质作用，包括岩浆作用与岩浆岩，地层接触关系，褶皱、节理、断层。外动力地质作用，包括沉积岩及其常见矿物，地层及沉积构造，化石，风化现象，河流沉积及河谷地貌，地下水及岩溶地貌，滑坡及崩塌等灾害地质。

②地质工作方法与技能部分。包括地质锤、地质罗盘、放大镜的使用，地质点描述，路线小结编写，地质体产状测量与记录，地质素描图的绘制、地质路线信手剖面图的绘制，岩石标本采集。

③实习成果整理与实习报告编写。

三、实习安排

为达到实习要求，完成实习任务，设计以下几条教学路线，实习区涵盖湖南省长沙市及周边（路线1至路线5）、张家界联合国教科文组织世界地质公园（路线6至路线9）、湘西自治州古丈地区（路线10）。

路线1：梅溪湖桃花岭—塘坡（L01）。

路线2：校医院后山—艺校后山（L02）。

路线3：后山部队—岳麓山—湖南大学（L03）。

路线4：丁字镇（L04）。

路线5：白沙井—南郊公园湘江边（L05）。

路线6：三所—南天门—十里画廊（L06）。

路线7：水绕四门—金鞭溪（L07）。

路线8：黄龙洞—索水河（L08）。

路线9：武陵源景区森林公园大门（锣鼓塔）—黄石寨（L09）。

路线10：古丈红石林—坐龙溪峡谷—酉水（L10）。

四、实习考核

根据实习期间表现（主动性、出勤率），平时测试成绩，野外技能掌握程度、资料收集与记录情况，实习报告撰写质量等，采用等级制（优、良、中、及格、不及格）评定实习成绩。

第十一章

实习区地质概况

地质认识实习基地分别为长沙市及其周边、张家界联合国教科文组织世界地质公园，同时还涉及湘西自治州古丈地区。下面分别就两个主要的实习区，即长沙实习区及张家界武陵源实习区的地质概况做介绍。

一、长沙市及其周边实习区地质概况

长沙市是湖南省的省会，位于湖南省东部，湘江下游长浏盆地西缘。地理坐标为东经111°53′~114°5′，北纬27°51′~28°40′，东西长约230 km，南北宽约88 km。全市地貌总体特征为地势起伏较大，地貌类型多样，地表水系发育，东北是幕阜—罗霄山系的北段，西北是雪峰山余脉的东缘，中部是长衡丘陵盆地向洞庭湖平原过渡地带。东北、西北两端山地环绕，地势相对高峻，中部递降趋于平缓，略似马鞍形，湘江由南而北斜贯中部，南部丘岗起伏，北部平坦开阔，地势由南向北倾斜，形如一个向北开口的漏斗。城内为多级阶地组成的坡度较缓的平岗地带，湘江中的橘子洲长5 km，在全国城市中绝无仅有。

1.地层

长沙地区出露地层有新元古界冷家溪群、板溪群、上古生界泥盆系、石炭系、二叠系、中生界三叠系、侏罗系、白垩系及新生界古近系、第四系等（表11-1、图11-1）。现将地层从老带新简述如下。

（1）冷家溪群（QbL）

为一套灰色、灰绿色绢云母板岩、条带状板岩、粉砂质板岩与岩屑杂砂岩、凝灰岩杂砂岩组成复理石韵律特征的浅变质岩系，局部地段夹有变质火山岩系。

（2）板溪群（QbB）

下部岩性为以黄绿色、黄褐色的泥质板岩、砂质板岩、钙质板岩为主，夹紫红色、暗紫色条带状板岩、凝灰质板岩、石英杂砂岩等。上部岩性包括灰白色石英砂岩、灰绿色板岩、条带状板岩、砂质板岩、紫红色变质石英砂岩、长石石英砂岩夹凝灰质砂岩等。板溪群与下伏冷家溪群呈角度不整合接触。

（3）泥盆系（D）

跳马涧组（D_2t）：角度不整合覆盖于板溪群之上，下部为灰白色厚层—块状石英砾岩，石英砂岩夹砂质页岩；上部紫红色泥质粉砂岩、粉砂质页岩、石英砂岩。

表 11 –1　长沙地区地层简表

地层单位				岩性特征
界	系	组	代号	
新生界	第四系		Q	由暗红色、棕红色网纹状黏土、粉砂质黏土，含砾网纹状黏土、杂色黏土、灰黄色砂砾石层、砾石层等组成
	古近系		E	上部为暗紫红色含钙粉砂质泥岩、钙质泥岩、钙质粉砂岩夹灰绿色砂质泥岩及泥灰岩 下部为紫红色砂砾岩、复成分砾岩、花岗岩砾岩、长石石英砂岩
上古生界	白垩系		K	上部为含花岗岩砾的紫灰色块状砾岩夹粗面岩，往上为紫灰色中厚层状粉砂质泥岩、泥灰岩、泥质粉砂岩等组成；下部为厚层—块状紫红色砾岩、砂砾岩，中厚层状紫红色钙质砂岩、钙质粉砂岩、泥质粉砂岩
	侏罗系		J	上部以泥质粉砂岩、粉砂质泥岩为主夹砂岩及炭质页岩，偶夹煤层；下部主要为厚层状长石石英砂岩、石英砂岩及泥质粉砂岩
	二叠系		P	上部为含硅质条带、燧石结核的硅质灰岩、灰岩夹泥灰岩、泥质灰岩的碳酸盐岩。下部为岩屑砂岩、石英砂岩、炭质页岩夹硅质页岩、页岩及泥质灰岩，局部含煤层
	石炭系	测水组	C_1c	灰白色、灰黄色、杂色中—厚层状石英砂岩、砂质页岩、泥质粉砂岩、部分地段夹石英砾岩，炭质页岩及劣质煤层、赤铁矿、铝土质页岩
		尚宝冲组	C_1sb	灰色、灰黑色炭质页岩、页岩夹粉砂岩、石英砂岩
	泥盆系	岳麓山组	D_3yl	灰白、灰黄、灰紫色石英砂岩、泥质粉砂岩、砂质页岩、南部部分地段夹赤铁矿层
		锡矿山组	D_3x	灰白色石英砂岩、灰岩、泥质灰岩、紫红色粉砂岩，夹含铁砂岩及鲕状赤铁矿层
		吴家坊组	D_3w	灰白色石英砂岩夹砂砾岩及砂质页岩
		龙口冲组	D_3lk	灰黄、灰绿色含云母细粒石英砂岩、泥质粉砂岩、粉砂质页岩互层夹灰岩，泥灰岩
		棋梓桥组	D_2q	灰色、深灰色厚层状块状灰岩、白云质灰岩夹泥灰岩
		易家湾组	D_2y	灰、灰黄、灰黑色粉砂质泥岩、钙质泥岩、泥灰岩、泥质灰岩
		跳马涧组	D_2t	上部为紫红色泥质粉砂岩、粉砂质页岩、石英砂岩；下部为灰白色厚层—块状石英砾岩，石英砂岩夹砂质页岩

续表 11－1

地层单位				岩性特征
界	系	组	代号	
新元古界		板溪群	QbB	上部为岩性包括灰白色石英砂岩、灰绿色板岩、条带状板岩、砂质板岩、紫红色变质石英砂岩、长石石英砂岩夹凝灰质砂岩等 下部为以黄绿色、黄褐色的泥质板岩、砂质板岩、钙质板岩为主，夹紫红色、暗紫色条带状板岩、凝灰质板岩、石英杂砂岩等
		冷家溪群	QbL	灰色、灰绿色绢云母板岩、条带状板岩、粉砂质板岩与岩屑杂砂岩、凝灰质杂砂岩

易家湾组（D_2y）：灰色、灰黄色、灰黑色粉砂质泥岩、钙质泥岩、泥灰岩、泥质灰岩、风化后多呈页片状。

棋梓桥组（D_2q）：灰色、深灰色厚层状块状灰岩、白云质灰岩夹泥灰岩。

龙口冲组（D_3lk）：灰黄色、灰绿色含云母细粒石英砂岩、泥质粉砂岩、粉砂质页岩互层夹灰岩，泥灰岩。

吴家坊组（D_3w）：灰白色石英砂岩夹砂砾岩及砂质页岩。

锡矿山组（D_3x）：灰白色石英砂岩、灰岩、泥质灰岩、紫红色粉砂岩，夹含铁砂岩及鲕状赤铁矿层。

岳麓山组（D_3yl）：灰白色、灰黄色、灰紫色石英砂岩、泥质粉砂岩、砂质页岩，南部部分地段夹赤铁矿层。

（4）石炭系（C）

尚宝冲组（C_1sb）：灰黑色页岩、砂质页岩、泥灰岩夹粉砂岩和少量灰岩、泥质灰岩。

樟树湾组（C_1zs）：紫红色、灰白色石英砂岩、粉砂岩夹砾岩、砂质页岩，局部夹劣质煤层，富产植物化石。

（5）二叠系（P）

下部为岩屑砂岩、石英砂岩、炭质页岩夹硅质页岩、页岩及泥质灰岩，局部含煤层；上部为含硅质条带、燧石结核的硅质灰岩、灰岩夹泥质灰岩、泥质灰岩的碳酸盐岩。

（6）三叠系（T）

仅在滦湾镇一带零星出露，以灰色块状燧石砾岩及灰色细—中粒砂岩、粉砂岩为主，其上夹煤层透镜体。

（7）侏罗系（J）

下部主要为厚层状长石石英砂岩、石英砂岩及泥质粉砂岩；上部以泥质粉砂岩、粉砂质泥岩为主夹砂岩及炭质页岩，偶夹煤层。

（8）白垩系（K）

下部为厚层—块状紫红色砾岩、砂砾岩，中厚层状紫红色钙质砂岩、钙质粉砂岩、泥质粉砂岩，砾石成分主要为硅质岩、板岩、灰岩；上部为含花岗岩砾的紫灰色块状砾岩夹粗面岩，往上为紫灰色中厚层状粉砂质泥岩、泥灰岩、泥质粉砂岩等组成。

普通地质学实验实习指导书

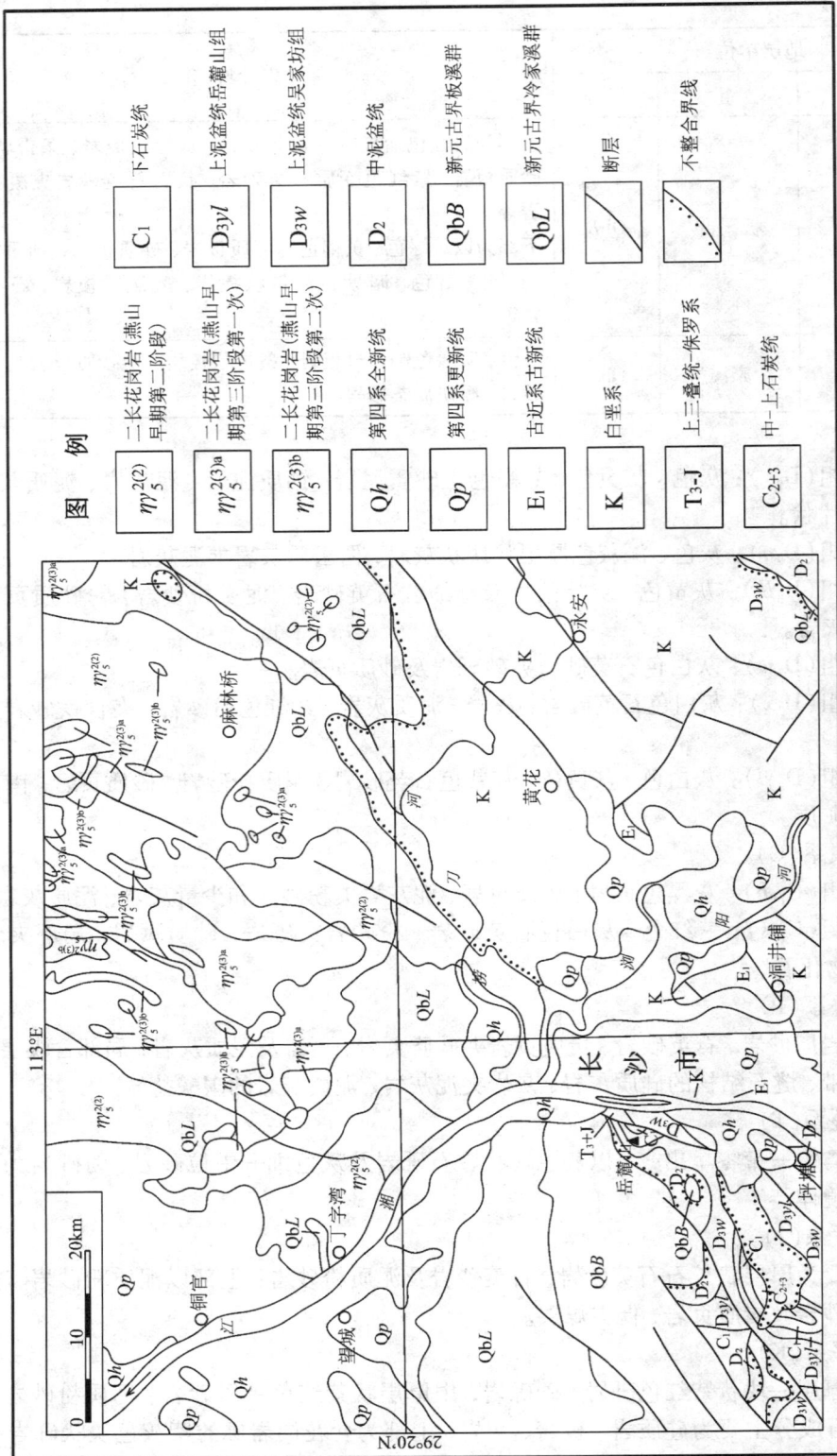

图11-1　长沙市及周边地质略图（据湖南省省区域地质志，1988年，修编）

图　例

C₁	下石炭统
D₃y*l*	上泥盆统岳麓山组
D₃w	上泥盆统吴家坊组
D₂	中泥盆统
Qb*B*	新元古界板溪群
Qb*L*	新元古界冷家溪群
	断层
	不整合界线

ηγ₅²⁽²⁾	二长花岗岩（燕山早期第二阶段）
ηγ₅²⁽³⁾ᵃ	二长花岗岩（燕山早期第三阶段第一次）
ηγ₅²⁽³⁾ᵇ	二长花岗岩（燕山早期第三阶段第二次）
Qh	第四系全新统
Qp	第四系更新统
E₁	古近系古新统
K	白垩系
T₃-J	上三叠统—侏罗系
C₂₊₃	中-上石炭统

50

（9）古近系（E）

下部为灰紫色砂砾岩、复成分砾岩、长石石英砂岩；上部为暗紫红色含钙粉砂质泥岩、钙质泥岩、钙质粉砂岩夹灰绿色砂质泥岩及泥灰岩。

（10）第四系（Q）

由暗红色、棕红色网纹状黏土、粉砂质黏土，含砾网纹状黏土、杂色黏土、灰黄色砂砾石层、砾石层等组成。

2. 构造

自中元古代以来，本区经历了武陵—雪峰—加里东—海西—印支—燕山—喜山等多次构造运动，形成了北东向、北北东向、北西向、近东西向的褶断格局，构成本区基本构造骨架。第四纪中期因湘东地块差异运动而伴生的掀斜运动促使湘江河道西迁、古河道形成（大托铺一带地下有三条古河道），浏阳河、捞刀河、靳江河逆向流入湘江。区内褶皱主要有岳麓山向斜、桃花岭背斜等，断层有二里半断层、爱晚亭断层、桃花岭—滂湾镇断层、燕子塘断层等。

3. 岩浆岩

岩浆岩主要分布于长沙地区北部，呈岩基状产出，区内出露面积约 53 km^2。丁字湾望湘花岗岩体位于长沙市北部 30 km 处，是区内主要岩体之一，又称望湘岩体，分布面积为 1600 km^2，呈不规则椭圆状沿北东向展布。望湘岩体为多期侵入的复式岩体，主要由 3 个岩浆侵入期构成：印支期以飘峰岩石序列侵入岩为主；燕山早期以铜盆寺岩石序列为主，构成望湘复式岩体的主体，岩石类型为二云母二长花岗岩；燕山晚期以影珠山岩石序列为主，呈近南北向小岩株侵入其他岩石序列，岩石类型为钾长花岗岩。不同侵入期岩体均为侵入接触关系。

在丁字湾，岩体围岩为元古代冷家溪群（QbB）的白云母片岩，为侵入接触关系。岩体岩性为中粗粒黑云母花岗岩和似斑状黑云母花岗岩，其主要矿物有碱性长石（占比 32% ~ 33%）、酸性斜长石（占比 25% ~ 30%）、石英（占比 30% ~ 34%）；次要矿物为黑云母、白云母；副矿物有磷灰石、锆石、磁铁矿、钛铁矿等；局部蚀变发育处可见电气石、黄玉等。

此外，在岳麓山南麓湖南师范大学体育学院后山见石英斑岩脉出露。

4. 矿产

长沙地区矿产资源丰富，已知矿产资源有 60 余种，已探明矿藏有煤、石煤、泥炭、铁、锰、铜、锌、磷、硫、重晶石、高岭土、黏土、石灰岩、花岗岩、地下热水等 51 种。已经开发的有金、银、铜、铅、锌、钨、钼、钴、锑、砷及海泡石、菊花石、重晶石、石膏、硫铁矿、磷，主要分布在浏阳市；地下热水、锰矿、铁矿，主要分布在宁乡县；煤矿主要分布在宁乡县和浏阳市；高岭土、造型砂、硅石（含硅砂）、石灰岩、花岗岩等主要分布在长沙县、望城区。

二、张家界联合国教科文组织世界地质公园实习区地质概况

张家界联合国教科文组织世界地质公园位于中国湖南省张家界市武陵源区，2004 年以"张家界地貌"为主要地质遗迹被选为首批世界地质公园网络成员，2015 成为首批联合国教

科文组织世界地质公园。

公园位于中国西南云贵高原东北部与湘西北中低山区过渡地带的武陵山脉腹地，地理位置：北纬29°13′18″~29°27′27″，东经110°18′00″~110°41′15″，海拔300~1300 m，占地面积为398 km²。公园以世界上罕见的发育于约3亿年前形成的石英砂岩上的"张家界地貌"景观为核心，以岩溶地貌景观为衬托，兼有成型地质剖面、特殊化石产地等大量地质遗迹。"张家界地貌"不仅以3000多座拔地而起的石柱和石峰(其中高度超过200 m的有1000多座，金鞭岩竟高达350 m)为主体，而且含有台地、石墙、天生桥、石门、河谷、嶂谷等个体地貌形态。这些地质遗迹与几乎没被扰动的原始自然状态的亚热带生态环境和生态系统相融合，构造了一系列千姿百态、赏心悦目的组合景观。

公园的核心景区1982年被授予中国第一个国家森林公园；1992年，被联合国教科文组织列入《世界遗产名录》。2001年被批准建立国家地质公园；2007年入选国家首批"5A"级旅游景区。

公园所在地区属中亚热带季风性湿润气候，年平均气温17℃左右，1月平均气温5.1℃，7月平均气温28℃，年降水量1400 mm。园区内空气清新，负氧离子含量高，舒适宜人。

公园交通十分方便，距离省会长沙298 km，有高速公路、飞机直达，距市城区、飞机场、火车站仅28 km。园内已建成58 km的国际标准游道、索道，开通了环保车，可直达公园内各个景点。

公园内少数民族众多，主要有土家族、白族、苗族等，占总人口数量的69%。区内以旅游为主，旅游收入占全市GDP近60%；还有水稻、玉米、甘薯、油菜和豆类等农业，以及农机、水泥、氮肥、棉毛纺织等工业生产。

早在20世纪60年代末，湖南省区域地质测量队就对张家界地区(大庸)开展了1:20万区域地质调查工作。20世纪70年代末被世人发现后，逐渐成为国内外地质学家关注的焦点，其中，以著名地质学家陈国达命名的"武陵源峰林"一词沿用至今。

1. 地层

区内出露的地层有志留系、泥盆系、二叠系、三叠系和第四系(表11-2)。

(1)志留系(S)

本区仅见志留系中统，主要分布在研究区的西部和南部。岩性主要为中厚层长石石英砂岩、粉砂质泥岩、钙质泥岩等。地层中含有丰富的三叶虫、腹足类、双壳类、海百合及遗迹化石。为一套海相碎屑沉积，构成区内砂岩峰林的基座。

(2)泥盆系(D)

区内发育泥盆系中统、上统，即中泥盆统云台观组(D_2yt)和上泥盆统黄家磴组(D_3hj)，缺失下泥盆统，与下伏地层志留系呈假整合接触。广泛分布在公园的中部和东部。云台观组为滨海相灰白色中—厚层或块状细粒硅质石英砂岩夹少许灰绿色泥质粉砂岩，厚度大于500 m，是构成张家界武陵源峰林地貌的主要地层；黄家磴组厚度较小，为紫红色铁质石英砂岩，夹多层鲕状赤铁矿层，底部以2 m厚的鲕状赤铁矿层与下伏云台观组分界。

表 11-2　武陵源区地层简表（据湖南省岩石地层）

年代地层			岩石地层	地层代码	厚度/m	岩性描述
新生界	第四系	全新统		Q_h	0~10	上部砂质黏土；下部砂砾石层
		更新统		Q_p	0~20	上部为红土层；下部为砾石层
中生界	三叠系	中统	巴东组	T_2b	164	底部为白云灰岩、泥灰岩；下为部长英细砂岩、粉砂质泥岩
		下统	嘉陵江组	T_1j	771.7	上部为白云岩、钙质白云岩夹灰岩、白云质砂岩；下部以灰色白云岩为主
			大冶组	T_1dy	609.4	下部为白云质灰岩、灰岩，紫红色白云岩夹砾状白云岩和鲕状白云质灰岩；下部为灰色灰岩
上古生界	二叠系	上统	吴家坪组	P_3w	31.2	上部为灰白色细—粉晶灰岩；中部为肉红色厚层细晶白云岩；下部粉晶灰岩含硅质团块、夹页岩，底部的鲕状黏土
		中统	茅口组	P_2m	343.9	深灰—浅灰泥晶灰岩、生物碎屑灰岩，青灰色泥晶灰岩等
			栖霞组	P_2q	116.9	上部为深灰色泥晶灰岩夹生物碎屑灰岩；下部泥灰岩夹泥晶灰岩，底部炭质页岩含煤线
	泥盆系	上统	黄家磴组	D_3hj	39.4	紫红色铁质细粒石英砂岩等，含鲕状赤铁矿层
		中统	云台关组	D_2yt	509.19~526.2	中上部为灰白色细粒石英砂岩夹粉砂岩；中下部浅肉红色细粒石英砂岩夹紫红色泥质粉砂岩；下部铁质细砂岩，含砂质管状体
下古生界	志留系	中统	小溪组	S_2x	480.13	灰绿黄绿色粉砂岩、石英粉砂岩，含石英管状结核
			秀山组	S_2xs	479.0	灰绿、灰色泥质粉砂岩夹紫红色粉砂质泥岩、钙质泥岩等

（3）二叠系（P）

二叠系呈假整合上覆于黄家磴组（D_3hj）之上，出露中统和上统，分布在公园北部和东北部，自下而上有栖霞组（P_2q）、茅口组（P_2m）和吴家坪组（P_3w）。岩性以浅海相碳酸盐岩为主，发育有厚层灰岩、生物碎屑灰岩，含燧石团块或条带，夹钙质页岩、泥灰岩，以及短暂海退在局部地区形成的煤层和炭质页岩夹层。中二叠统灰岩中发现䗴类、珊瑚类、腕足类及软体动物化石等。

（4）三叠系（T）

研究区仅出露有下三叠统大冶组（T_1dy）、嘉陵江组（T_1j）及中三叠统巴东组（T_2b），主要分布在研究区东北部，喻家咀向斜的两翼和核部，厚度大于 1500 m，与下伏二叠系呈假整合接触。主要岩性为泥晶灰岩、鲕状灰岩、生物碎屑灰岩、白云质灰岩和白云岩，夹薄层泥灰岩。含腕足类、有孔虫类、软体类动物化石。

岩溶地貌多发育于二叠系和三叠系灰岩中。

（5）第四系（Q）

主要为黏土、砾石构成的冲积物、洪积物，在研究区内的分布面积不大，仅出露于澧水及其支流两岸，厚度一般为 0～30 m 不等。主要岩性为砂砾石层、砂质黏土和红土层。

2. 地质构造

张家界联合国教科文组织世界地质公园位于扬子地台的二级构造单元——鄂黔台褶带的东南缘，即新华夏系第三隆起带中，南邻江南古陆。自震旦纪以来，接受了一套典型的地台型沉积，沉积类型以陆源建造、碳酸盐建造为主，含煤建造次之。由于研究区所处构造部位特殊，岩层产状平缓，且历经多次构造运动和地壳的间歇性抬升，形成了高角度近乎垂直的节理，有利于砂岩峰林地貌的形成，也有利于岩溶地貌的发育。在沉积过程中，又以稳定的下沉为主，间有多次上升运动，各地层的接触关系均表现为整合或假整合接触。本区经历了武陵—雪峰、海西、印支、燕山、喜山及新构造运动等多次构造运动，武陵—雪峰运动塑造了本区的基底，继雪峰运动之后，进入一个稳定的地台发育时期，继而经历了印支运动和燕山运动两次大的构造变形，形成了北东东向及北北东向的褶皱构造。后期的新构造运动以间歇性上升为主，总体升幅达 400～500 m（湖南地矿局，1984；湖南省环境地质监测总站，1988）。

区内褶皱、断裂构造较发育，主要发育有桑植—石门复向斜，由古生代及中生代地层组成，呈北东东向展布。复向斜的次级褶皱比较发育，且保存完整，向斜较为宽缓，由三叠系构成向斜核部，背斜则相对较紧闭。

公园位于三官寺向斜（图 11-2）。由于北北东向背斜的叠加，使其一分为二，西侧形成平缓的等轴向斜，东侧形成喻家嘴向斜，由下侏罗统地层构成向斜核部。张家界武陵源峰林地貌集中分布于向斜转折端及其两翼的天子山、喻家嘴及峰峦溪一带的中泥盆统石英砂岩分布区，而岩溶地貌则主要分布于天子山及喻家嘴向斜核部的二叠系和三叠系灰岩分布区。

3. 地质演化与地貌形成

公园位于扬子地台的二级构造单元——鄂黔台褶带的东南缘，属新华夏系第三隆起带，南邻江南古陆，处于保靖—慈利北东东向深大断裂带北盘（湖南省环境地质监测总站，1988），区内地层发育齐全，褶皱、断裂构造均较为发育。自震旦纪以来接受了一套典型

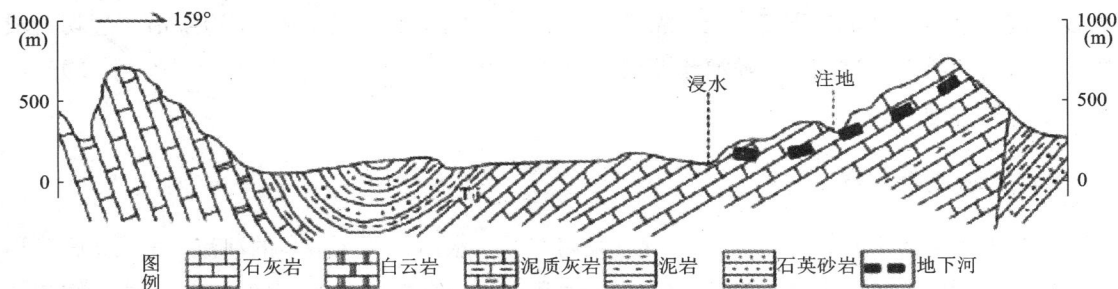

图 11－2　三官寺向斜地质剖面图（据程伟民，1988）

图例：石灰岩　白云岩　泥质灰岩　泥岩　石英砂岩　地下河

的地台型沉积，沉积类型以陆源碎屑建造、碳酸盐建造为主，含煤建造次之。在沉积过程中，又以稳定的下沉为主，间有多次的上升运动，其间各地层的接触关系均表现为整合或假整合。

本区经历了下述四个时期的地质演化过程，从而塑造了张家界联合国教科文组织世界地质公园独特的地形地貌。

（1）前寒武纪

中元古代湘西地区受武陵—雪峰运动影响，地壳运动强烈，褶皱和断裂活动频繁，并伴随着大量岩浆的侵入（地槽阶段），形成了许多花岗岩体，塑造了本区的花岗岩基底，成为后期石英砂岩形成的物质基础。

（2）古生代

雪峰运动之后，本区进入一个相对稳定的发育时期，地壳运动以缓慢升降运动为主。中泥盆世地壳沉降，海水侵入，由于武陵源位于近岸地带，河流携带泥沙堆积，形成厚度巨大的滨海相石英砂岩沉积。二叠纪初，伴随着地壳的上升，海水短暂退出，演变成滨海沼泽成煤环境，有植物繁盛，形成了含煤地层，内含黑色炭质页岩及一些植物化石；之后再度缓慢沉降，形成浅海，由于远离陆地，河流冲来的泥沙很少到达该地，形成的是一套含底栖生物骨骼遗骸的石灰岩，厚度大且分布广，为张家界溶洞、溶峰形成的物质基础。

（3）中生代

三叠纪末期，中国东部开始进入一个新的活动阶段（印支期），地壳活动剧烈，出现了造山作用，使以前地台阶段形成的各个地层发生褶皱，并形成断层和节理；加上中生代中晚期波及湖南全省的燕山运动、两期构造运动使武陵源区地层均发生褶皱，只不过在该区的褶皱作用比较和缓，使得石英砂岩的产状平缓而完整，而突出的表现则是直立节理十分发育，这为峰林地貌的形成提供了构造条件。

（4）新生代

地壳运动以升降运动为主，时升时降，总的以升为主。地壳的抬升使出露地表的地层遭受剥蚀，二叠系与三叠系石灰岩地层形成孤峰、残林；同时，也使地下水的溶蚀作用逐步下移，形成多层溶洞。随着剥蚀作用的加剧，石英砂岩的上覆灰岩盖层被剥蚀殆尽，裸露的石英砂岩被流水沿节理淋滤下切，先分隔成大小不等的方山及条状山脊，其边缘沿节理切割成岩墙及岩柱的雏形。进而，伴随河流深切与向源侵蚀作用的增强，及重力崩塌作用，塑造出各种砂岩峰林地貌。

4. 水文及工程地质

公园内水资源丰富，河、溪、湖、瀑、泉遍布。索水河是园区最大的河流，发源于张家界海拔 800 m 的磨子峪，属澧水上游一级支流溇水的次一级支流，全长 68.3 km。在水绕四门以上称为金鞭溪，至索溪峪后称为索溪，途径喻家嘴、三官寺、抵江垭而入溇水，多年平均径流量为 9.1139×10^7 m^3，平均流量为 2.89 m^3/s，枯水期流量仅 0.3 m^3/s（湖南省环境地质监测总站，1988）。河道宽 3～20 m，上游宽 3～5 m，河中多激流、浅滩和深潭。著名的金鞭溪，全长约 10 km，呈东西向横贯砂岩峰林；黄龙洞园区内发育两条地下暗河，蜿蜒曲折，东西向延伸达 2000 m 以上；园区东南角的宝峰湖，因筑坝蓄水而"高峡出平湖"，湖水沿峡谷延伸，长达 2.5 km；瀑布更是随处可见，峡谷边、洞穴里、陡坎下，构成飞流直下、九天银河的景观；地下水涌出则为泉，园区内泉多且奇，有黄龙泉、温塘泉、天子山喷泉等，以及 10 多处温泉。

由于本区地表及地下水系发育，且补给条件较好，形成丰富的水力资源，现已建成岩泊渡、鱼潭、贺龙、雪岭垭等多座水电站。

景区独特的地貌导致游览区沟域狭长、落差较大，在雨季极易引发崩塌、滑坡、泥石流、地面塌陷、危岩体等地质灾害，对人民生命和财产安全造成威胁。

5. 矿产资源

地层和构造的特殊条件，使张家界的矿产以沉积型矿产为主，有煤、铁、镍、钼，其次有低温热液形成的铅、锌、铜，非金属矿产有石灰岩、白云岩、大理石、萤石、重晶石、硅石（石英）等，例如青安坪就有丰富的大理石、煤、铁等资源，还有矿泉水。形成公园奇特的张家界地貌的石英砂岩也是一种矿产资源，其二氧化硅含量达 90% 以上，是生产石英玻璃的优质原料。

6. 景观资源

历经十多亿年内力、外力地质作用的影响，造就了公园"石奇峰秀、寨高台平、壁险峡幽、山碧水清"的优美景观。公园以金鞭岩为代表的三千多座高大石柱林似锋利的刀刃直插云端，群峰间云雾缭绕，构成了巍峨雄伟与娇艳妩媚共生的美丽佳境，美国好莱坞科幻大片《阿凡达》曾在此大量取景；黄龙洞、观音洞等岩溶地貌中溶洞蜿蜒幽深，犹如迷幻的地下宫殿；石钟乳、石笋、石柱生机盎然，仿佛在诉说光阴的故事；索水河一带则良田千顷，炊烟缭绕，一派田园风景；江垭温泉、万福温泉的开发则提升了张家界的旅游价值。

公园云低雾多、降水充沛，造就了其植被繁茂、种类多样的特点。在珍贵树种方面，公园拥有国家一级保护的珙桐（又称"鸽子花"）和属国家二级、三级保护的钟萼木、银杏、香果树以及鹅掌楸、香叶楠、杜仲、金钱柳、猫儿屎、银鹊、南方红豆杉等。

第十二章

野外地质工作基本方法与技能

一、野外地质现象观察基本内容及方法

（一）岩石野外观察与描述

岩石按其形成方式可分为岩浆岩、沉积岩和变质岩。由于三大类岩石的成因不同，其特征也存在很大不同，准确划分岩石类型是开展地质工作的基础。

1. 岩石类型的野外区分

（1）岩浆岩

岩浆冷凝固结后形成的岩石称为岩浆岩。岩浆岩不具层理（有时节理发育如玄武岩、花岗岩），多呈岩基、岩墙、岩脉、岩枝、火山堆等产出状态。岩石中矿物分布较均一（斑晶和捕虏体、析离体除外），先结晶的暗色矿物结晶形状较好（如橄榄石、辉石、角闪石），浅色的石英晶形最差。

岩浆岩的命名原则一般按照岩石中的矿物成分和量比，结合岩石的产状和结构来命名，如橄榄岩、闪长岩、花岗岩。进一步的命名可以根据矿物的含量多少来排列，较少的矿物放在较多的矿物之前，如角闪石黑云母花岗岩。也有根据结构构造来命名的，如片麻状花岗岩、中粒闪长岩；还有根据岩石颜色来命名的，如肉红色花岗岩、黑色玄武岩；也有结合岩石颜色和结构构造命名的，如肉红色粗粒黑云母花岗岩。斑岩和玢岩仅用于浅成岩中具斑状结构的岩石，根据斑晶成分不同命名为斑岩或玢岩，斑岩的斑晶以石英、碱性长石、和似长石为主，玢岩的斑晶以斜长石和暗色矿物为主。

（2）沉积岩

沉积岩主要特征是：①层理构造显著，是沉积岩区别于岩浆岩和变质岩最主要的标志；②沉积岩中常含古代生物遗迹，并随沉积物骨戒成岩，形成生物化石；③有的具有波痕、干裂、槽模、沟模、孔隙、结核等，比如泥岩、砂岩、石灰岩等。

（3）变质岩

由变质作用形成的岩石称为变质岩。地球内力的作用引起岩石物理、化学条件的改变，

从而使地壳中已形成的岩石在基本保持固态的状态下，原岩组分、矿物组合、结构、构造等方面发生转化的作用，称为变质作用。变质岩最大特点是产生了新的变质矿物和具有一些变质岩典型的结构构造，来与沉积岩区分。

变质岩的主要特征是大多数岩石具有变晶、变余、压碎结构，定向构造（如板理、千枚理、片理、片麻理等）和由变质作用形成的特征变质矿物（如蓝晶石、红柱石、矽线石、石榴石、硬绿泥石、绿帘石、蓝闪石等）。

2. 岩石野外观察与描述

（1）岩浆岩

岩浆岩的野外观察与描述一般是从其颜色、结构、构造、矿物成分、矿物含量及变化（风化、蚀变）等几个方面进行。

颜色：从超基性岩到酸性盐，岩浆岩的颜色越来越浅（色率变小），即暗色矿物逐渐减少，浅色矿物逐渐增多。根据岩石新鲜面的颜色大致可判断出岩石的类别，如果岩石颜色较浅，一般为酸性岩或中性岩，如果颜色较深，一般为基性岩或超基性岩。另外，岩石风化后的颜色也是观察描述的内容之一。

结构、构造：根据岩石的结构、构造可以区分岩石是深成岩、浅成岩或喷出岩。根据岩浆岩的结晶程度，可将岩浆岩的结构分为全晶质结构、半晶质结构和玻璃质结构。根据矿物颗粒的大小，岩浆岩结构又可分为显晶质结构和隐晶质结构，显晶质结构岩石按其矿物颗粒绝对大小可细分为粗粒结构（矿物粒径大于 5 mm）、中粒结构（矿物粒径为 2 ~ 5 mm）和细粒结构（矿物粒径小于 2 mm）；根据矿物颗粒的相对大小可分为等粒结构、不等粒结构、斑状结构和似斑状结构。对于具有斑状结构的岩石要描述斑晶成分及其含量、基质成分及其含量等。深成侵入岩常具有粗粒结构，较浅的侵入岩常具有细粒结构，喷出岩或超浅成岩常具有斑状结构、隐晶质结构或半晶质结构。

矿物成分及含量：矿物成分是岩浆岩分类和定名的主要依据。矿物成分的观察与描述主要从矿物的颜色、种类、晶形、大小、含量等方面进行，若岩石具有斑状结构，则还需描述其斑晶、基质。超基性岩通常含橄榄石、斜方辉石、单斜辉石等；基性岩通常含辉石、基性斜长石，可含橄榄石和角闪石；中性岩通常含角闪石、斜长石，可含辉石、黑云母；酸性岩通常含长石、石英、黑云母，可含角闪石。

另外，野外还要注意观察岩体与围岩的接触关系（侵入、断裂、切层、顺层，接触边界有无矿化蚀变）、岩体形状与规模大小、风化蚀变等现象，若岩体内部含有包体，则还需对包体颜色、成分、大小、含量及分布规律等进行描述。

（2）沉积岩

沉积岩是在地壳表层常温常压条件下，由风化产物、深部来源物质、有机物质及少量宇宙物质经搬运、沉积和成岩等一系列地质作用而形成的层状岩石。依据沉积岩的层理，可以很容易与岩浆岩和变质岩相区别。

1）碎屑岩

碎屑岩的物质成分主要由碎屑物质、化学物质和杂基组成。其观察与描述主要从以下几个方面进行。

①颜色：包括原生色和风化色。

②单层厚度：巨厚层状、厚层状、中层状、薄层状。

③碎屑颗粒：成分、含量、粒度、分选性、磨圆度及成熟度等。

④胶结物与胶结：胶结物成分和含量，胶结类型。

⑤沉积构造：层理构造（层理）、层面构造（波痕、干裂、槽模）及同生变形构造（重荷模、球状及枕状构造）。

⑥化石：化石类型及其保存状态。

2）泥质岩

泥质岩亦称黏土岩，主要由黏土矿物（粒度小于0.0039 mm）组成的岩石。其观察与描述主要从以下几方面进行。

①颜色：包括原生色和风化色。

②单层厚度：中层状、薄层状。

③结构、构造：泥状结构、粉砂泥状结构、鲕状结构等，泥质岩的层理均为水平层理，单层厚度小于1 mm者称为页理，页理发育的泥质岩交页岩，无页理或页理不发育者叫作泥岩。

④非黏土矿物：陆缘碎屑矿物和自生矿物的种类和含量。

⑤化石：化石类型及其保存状态。

3）碳酸盐岩

碳酸盐岩主要由沉积的碳酸盐矿物（方解石、白云石等）组成。其观察与描述主要从以下几方面进行。

①颜色：一般为灰—灰白色。

②岩层厚度：厚层状、中—厚层状、中层状、薄层状等。

③结构：不同成因的碳酸盐具有不同的结构类型，如粒屑结构、生物骨架结构、泥晶结构等等。

④构造：碳酸盐岩的构造较为复杂，与沉积环境和沉积期后改造作用有关，因此，要区分是同沉积构造（纹层）还是沉积后构造（垮塌）。

⑤化石：化石种类及其保存状态。

（3）变质岩

由于变质作用类型的多样性，变质岩的类型十分复杂，其观察与描述主要从以下几方面进行。

①颜色：岩石的总体颜色，根据所含矿物种类的不同，变质岩颜色变化多样。

②结构：变余、变晶（矿物的粒度、形态）、交代结构等。

③构造：变余、变成（板状、千枚状、片状、片麻状、条带状等构造）。

④矿物成分：矿物的种类、颜色、晶形、粒度、含量等，若有变斑晶，则先描述变斑晶，后描述基质。

⑤岩石的断口、光泽。

⑥蚀变与矿化。

⑦野外定名：颜色＋矿物成分＋结构＋构造。

（二）地质构造野外观察与描述

1. 褶皱构造的观察和描述

褶皱构造的观察和描述主要有以下几个方面：

①观察与描述褶皱两翼地层的岩性、时代及产状，转折端的形态和顶角的大小，并确定褶皱轴面及枢纽的产状。

②观察与描述褶皱的出露形态，绘制褶皱剖面图及褶皱横截面图。

③观察和确定褶曲核部和两翼岩层的岩性和时代。

④根据褶皱的形态、两翼地层和枢纽的产状确定出褶皱的类型，进一步分析推断褶皱的形成时代和成因。

2. 断层的观察和描述

断层的观察和描述有以下几个方面：

①断层的识别：观察、搜集断层存在的标志（断层标志），它是识别断层的主要依据，如：地貌标志（断层崖、断层三角面、错断的山脊、山岭和平原的突变、泉水的带状分布、水系特点）、构造标志（断层破碎带、断层角砾岩、断层滑动面、牵引褶曲）、地层标志（地层的重复和缺失）、岩浆活动与矿化作用及岩相和厚度的急变等。

②断层产状的测定：测量断层两盘地层的产状、断层面的产状。需要注意的是，不能简单地把局部产状作为一条较大断裂的总体产状。

③断层两盘运动方向的确定：根据断层两盘地层的新老关系、牵引构造、擦痕、阶步、羽状节理、断层角砾岩等确定两盘的运动方向。在使用以上标志时，要进行统计分析和各标志之间要相互验证。

④断层类型的确定：根据断层两盘的运动方向，断层产状要素，断层面产状和岩层产状的关系确定出断层的类型。

⑤破碎带的详细描述：对断裂破碎带的宽度、断层角砾岩、填充物质、胶结物以及矿化蚀变等情况要详细加以描述。

⑥素描、照相和采集标本：对典型现象要进行素描和照相，并采集标本。

3. 节理的观察和描述

节理的观察和描述主要包括以下几个方面：

①地质背景的观察：首先要了解观察地段的地质背景，如地层及其产状、岩性及成层性、褶皱和断层的特征以及观测点所在的部位等。

②节理的分类和组系划分：对节理进行分类，划分组系，区分主节理和一般节理。

③节理的发育程度。

④节理的延伸：在观察节理的延伸时，应注意节理的平行性和延伸长度。

⑤节理组合型式的观察。

⑥节理面的观察：节理面的形态和结构细节，节理面的平直程度，节理面是否有擦痕等等；

⑦节理含矿性和充填物的观察：节理往往是重要的含矿构造，观察时应注意节理内是否含矿。

在进行以上观察的同时，要进行节理产状的测量和记录。

4. 接触关系的观察和描述

观察岩层的接触关系时要注意对岩层的接触界限观察，如果是沉积岩与沉积岩、沉积岩与变质岩相接触，看有无沉积间断，上下两套地层在岩性和岩相上的差异，上下两套地层的产状是否一致、是否存在层位的缺失。然后判断岩层是整合接触、平行不整合接触或角度不整合接触。

如果是沉积岩和岩浆岩相接触，看岩浆岩体边部是否有边缘相和冷凝边、岩体内是否有围岩的捕掳体、围岩中是否有岩枝或岩脉；看沉积岩底部是否含有下伏岩体的岩屑、砾石或矿物碎屑；然后，确定二者是沉积接触关系还是侵入接触关系。如果是岩体与围岩间的界面就是断层面或断层带，则二者为断层接触关系。

二、野外记录与采样

（一）野外记录格式、内容

野外记录首先填写记录本扉页的研究地区、记录者、开始日期；开展野外工作之前，在记录本上填写日期、地点、气候；正文包括：点号、点位、点性、描述及采样等，在描述重点地质现象时要对典型现象拍照并记录照片编号、镜头朝向。野外对地质点进行描述时，每个地质点均需另起一页。

野外地质点的点性主要包括岩性（控制）点、界线点、构造点、矿化点、水文点、地貌点等几类。描述的总体要求是先宏观后微观。下面分别介绍各类地质点的观察与描述的内容及方法。

（1）岩性点

①地质点：该名称类地质点的观察与描述一般包括层位、岩性特征、颜色（新鲜面、风化面）、主要矿物成分（××约占×%）、结构构造、产状、岩相变化、特征标志、化石发育情况、厚度及接触关系，最后描述有无蚀变、矿化现象，矿化、蚀变的种类。如果是砾岩类或砂岩类，砾石（砂）的成分、粒径、磨圆度、分选性也需描述。

②照片：××，镜头方向，典型现象。

③采样：××，岩性，拟分析项目。

④接触关系描述：包括地层之间的整合与不整合（角度不整合、平行不整合）接触关系；岩浆岩与地层之间的接触关系。

⑤产状要素的观察与测量：包括地层、节理、断层、矿体（脉）等地质体的走向、倾向、倾角以及侧伏、倾伏情况。

（2）界线点

①地质点：该类地质点首先要点明该点位于××（地理位置），处于××和××的分界处（地质位置）。然后对点的两侧分别进行描述，如，点西（南、北西）：岩性、颜色、矿物成分、

结构构造、蚀变及矿化情况；点东(北、南东)：岩性、颜色、矿物成分、结构构造、蚀变及矿化情况。

②接触关系：整合、断层、平行不整合、侵入接触关系，接触带特征。

③产状：什么产状(地层、断层、节理)。

④照片：××，镜头方向，典型现象。

⑤采样：××，岩性，拟分析项目。

(3)构造点

①首先介绍该点位于什么类型的构造带上，构造带发育于什么类型岩层中，宽度及延伸情况。

②上、下盘岩性特征。

③构造面特征，观察有无擦痕、阶步，测量构造镜面产状。

④构造带特征：宽度、构造角砾(岩性、大小、胶结物、蚀变和矿化特征)、透镜体(岩性、大小、胶结物、蚀变和矿化特征)、后期脉体。

⑤构造两侧岩层是否有错位。

⑥推测断层性质(正断层、逆断层、平移断层等)，仅是构造破碎带，则性质不明。

⑦产状：上、下盘及断层面产状。

⑧照片：××，镜头方向，典型现象。

⑨采样：××，岩性，拟分析项目。

(4)矿化点

①地质点：当野外工作过程中，发现有矿化现象时，应定点观察描述，主要观察描述矿化围岩的特征、矿化规模(宽度、延伸)、矿化体产状、矿化类型、矿物产出方式(星点状、浸染状、团块状、细脉状等)。若有多阶段矿化，每个阶段的矿化特征均需要描述，并且要划分成矿阶段的先后次序。

②产状：矿化体产状。

③照片：××，镜头方向，典型现象。

④采样：××，岩性，拟分析项目。

(5)水文点

观察描述的内容主要包括水井的位置，所处地貌部位，含水层的位置、厚度和含水性质，含水层和隔水层的特征，水头高度及流量变化。泉水出露的地形地貌、地质构造条件、泉的类型、高程与基准面的相对高差，判断补给泉水的含水层、泉水流量。

(6)地貌点

①河谷地貌描述内容：谷底和河床宽度、坡度变化情况，横剖面的形态、切割深度及谷坡的形态、坡度、高度和组成物质，植被覆盖情况。

②河流阶地描述内容：阶地的级数及其高程，阶地的形态特征(长、宽、坡度)，纵横方向的变化情况，阶地的性质及组合形式。

③冲沟的描述内容：位置、分布、规模及形态，冲沟发育地段的岩性、构造、风化程度、沟壁情况及沟底堆积物的性质和厚度，沟口堆积物的特征，洪积扇的分布、形态特征及其组合情况。

（二）岩石标本采样要求、规格

根据研究目标，系统采集岩矿鉴定样品、各类标本、古生物鉴定标本、岩石定量分析样品，有时还需要采集岩石化学、人工重砂、扫描电镜、电子探针、同位素组成分析及测年样品。标本采集时，一定要在真正的露头上采集，不能用滚石代替，要取新鲜岩石，取样位置要准确，规格一般为 3 cm×6 cm×9 cm 或 2 cm×5 cm×8 cm（高×宽×长）。

三、地质现象绘图、摄影

（一）素描图

地质素描是以野外地质体为对象，用素描技法描绘出地质客观实体的空间形态及相互关系。它包括平面图形素描和立体图形素描。

地质素描图从取景到成图，要有一个过程和步骤，首先要目的明确，就是画这一张图时要明确它要表现什么主要地质内容（如地貌特征、褶皱构造、接触关系等），取景时要将主要反映的地质现象放置在图的中心突出部位，同时考虑图面布局的合理美观。其素描图的主要步骤如下：

①取景。确定控制点（灭点、最低点、最高点）、视平线、景象范围。

②勾画大体轮廓线及主要地质界线。遵循先整体后局部、先主要后次要、由简单到复杂、由直线到曲线原则。轮廓线和主要地质界线，首先用直线进行大致勾绘。

③画景象的几何立体形态，划定块面。在大体轮廓确定的基础上，从近到远、从主到次，将景象按实际形状圈定出来，画出分割线条。

④画细部轮廓线。在大块面上进一步画次级和小块面，然后再按物体形态特征将大体轮廓线勾成形态曲线。

⑤标明内容要素。图名、图例、比例尺、方位、主要地名、地质产状要素、地质代号、作者、日期。

（二）信手剖面图

信手剖面是在野外用目测随手勾绘的剖面图。它能反映观测路线及剖面上各种地质体的分布情况及相互关系，特别是能清晰反映地质构造特点。信手剖面可采用目测法或步测法，比例尺也不严格，力求反映剖面上地层岩性的宏观变化特征。

信手剖面图的作法：

①在起点定方位和比例尺，然后目估距离和高差（实测剖面根据实测读数），按比例绘出路线所经过的地形线，前进一段绘一段。

②将路线出露的地层、岩体和各种地质现象，依出露的先后次序和出露位置按产状用图例绘在地形线上。观测一层，绘一层，一般是每层观测完了再绘，同时进行文字描述。观察一层，记录一层，将层序、代号、岩层产状及标本样品号及时标注在剖面上（在实测剖面的信手剖面图上，还要标明导线号，导线斜距和坡度角）。

（三）摄影

在拍摄各种地形、地貌时要多利用顺光和侧逆光，最大限度地把握好典型地质现象的构图，通过图片不仅要看到地质的形态，也要看到被拍摄物体的颜色和"脉线"。特别是那些微观"地质构造"需要近距离拍照。摄影过程中，一定要放合适的参照物，远景拍摄时一般选择较大的参照物（如人、地质锤、地质罗盘），近景拍摄时一般选择较小的参照物（如硬币，铅笔）。拍照时还需记录镜头的方位或典型地质现象的方位。

四、实习报告编写

实习报告按以下格式列出目录、各章节编写主要内容提要，如图 12-1 所示。

1 前言
    1.1 实习目的及意义
    1.2 实习任务及要求
    1.3 实习时间
2 长沙周边地质实习
    2.1 地层（时代、岩性、产状、重要地质现象）
    2.2 构造（褶皱、断层、节理）
    2.3 岩浆岩（类型、产出状态、矿物组成、结构构造、风化蚀变等）
3 张家界地区地质实习
    3.1 地层（时代、岩性、产状、重要地质现象）
    3.2 构造（褶皱、断层、节理）
4 外动力地质作用分析
    4.1 河流地质作用
    4.2 地下水地质作用
    4.3 风化作用
    4.4 张家界地貌特征及成因分析
    4.5 喀斯特地貌特征及成因分析
5 结束语
    5.1 主要认识
    5.2 意见和建议

图 12-1　实习报告格式

第十三章

野外实习路线

一、路线 1（L01） 长沙梅溪湖桃花岭—塘坡

教学目的

1. 掌握岩石岩性、结构构造特征的观察方法，对比沉积岩与浅变质岩的特征差异，初步掌握岩石鉴定方法。

2. 观察中小型地质构造，学会野外判别断层。

3. 掌握地层产状的测量方法。

教学内容与要求

1. 观察梅溪湖桃花岭公园新之古界板溪群地层中的变质砂岩及泥板岩夹层的特征，对比层理与片理面的区别。

2. 观察桃花岭中泥盆统跳马涧组砂岩和砂砾岩特征，与板溪群变质砂岩进行比较。

3. 观察地层产状的变化及褶皱构造特征，判断褶皱的类型。观察岩石中的小型断裂构造。学会使用罗盘测量地层和节理面的产状。

4. 观察断层两盘的岩性变化，推断断层的存在。

路线简介

本路线重点观察地层岩性变化及中小型地质构造，学习岩石和地质构造的基本调查方法。共设 6 个观察点（D0101，D0102，D0103，D0104，D0105，D0106）。起点位于长沙市岳麓区梅溪湖桃花岭公园的入口处，沿景区道路及石板路上山至桃花岭山顶风车口，沿便道下山至塘坡。

（一）D0101 桃花岭公园入口道路拐弯处左侧山崖小树林后

知识点

变质砂岩、泥板岩，沉积岩的层理和层面构造，片理，节理。

观察内容

（1）认识板溪群浅变质岩的特征，着重了解变质砂岩、泥板岩的特征。
（2）观察沉积岩的成层性和变质岩的片理化特征。
（3）观察节理，初步认识张节理和剪节理。

技能练习

（1）学习板岩和千枚状板岩的特征掌握野外鉴定方法。
（2）掌握岩石的描述方法，包括颜色、结构（组成成分、结晶程度及颗粒大小及分布等）、构造（成层性、层理、层面构造等）的描述。
（3）掌握地质罗盘的使用方法，学会测量地层的产状。

知识拓展

◇ **参观公园道路旁碳酸盐岩假山石**

碳酸盐岩主要包括石灰岩和白云岩两类，前者主要由方解石组成，后者由白云石组成，按照两种矿物以不同的比例可形成过渡类型，如白云质灰岩、灰质白云岩等。

石灰岩中常见生物结构（藻类化石，照片如附录3中图51，图52所示）、生物碎屑结构（附录3中图53所示）、粒屑结构（如砂屑，照片如附录3中图53）等，有层纹状构造（照片如附录3中图51所示）、条带状构造、缝合线构造（照片如附录3中图54所示）等。白云质灰岩风化面可见特征的刀砍纹（照片如附录3中图55所示）。碳酸盐岩中还常见硅质（燧石）结核（照片如附录3中图56所示）及条带。

（二）D0102 桃花岭公园道路旁左侧第二片小树林后

知识点

变质砂岩、泥板岩，沉积岩的成层性，波痕构造，地层产状变化及褶皱现象。

观察内容

（1）进一步观察板溪群岩石的特征，着重掌握浅变质岩的描述方法，着重观察变余沉积构造，如沉积岩的成层性（照片如附录3中图57所示）、层面构造（照片如附录3中图58所示）等。
（2）观察岩石中的中小型构造特征。

技能练习

（1）测量地层的产状，通过地层产状的变化，推断褶皱构造的类型。

（2）绘制地层信手剖面图。

✎ **知识拓展**

◇ **浅变质岩**

变质岩是指受到地球内部力量（温度、压力、应力的变化、化学成分等）改造而成的新型岩石。固态的岩石在地球内部的压力和温度作用下，发生物质成分的迁移和重结晶，形成新的矿物组合，如普通石灰岩由于重结晶变成大理岩。

浅变质岩指变质程度较低的变质岩，通常指变质温度和压力偏低，变质结晶、重结晶作用和交代作用偏弱的变质岩，一般保留较多的原岩成分及结构构造特征。浅变质岩典型的结构构造类型为变余结构和变余构造。如石灰岩经历浅变质形成变质灰岩，石英砂岩形成变质石英砂岩，泥质岩形成泥质板岩等。

（三）D0103 桃花岭公园绿娥岭石板路旁山崖底部

▤ **知识点**

板岩，节理。

🧍 **观察内容**

（1）进一步观察板溪群板岩的岩性特征。
（2）观察多组节理的特征及其相互关系。
（3）观察直立地层。

📢 **技能练习**

（1）描述板岩的片理化特征。
（2）测量节理的产状，初步根据共轭节理的特征判断应力状态。

✎ **知识拓展**

◇ **底砾岩**

底砾岩是海侵初期在古风化壳上形成的主要由粗碎屑组成的沉积岩，砾石成分以稳定岩屑为主；位于海侵层序的最底部的砾岩，其下部存在一个沉积间断。中泥盆统跳马涧组底部即可出现底砾岩。

从点 D0103 返回主道路，联通交换机旁有一大岩块，为跳马涧组紫红色—白色石英砂岩，其底部有厚约 3 cm 的底砾岩（照片如附录 3 中图 59 所示）。砾石含量达 70%，磨圆度较高，一般为圆至次圆状，成分多为白色石英岩，少量为深色板岩或火山岩，砾石粒径多为 5 ~ 35 mm，填隙物为砂质。向上砾石粒径变小，含量减少，过渡为石英砂岩（照片如附录 3 中图 60 所示）。

（四）D0104 桃花岭公园上桃花岭半山腰的石板路旁

知识点

板岩，含砾砂岩，断层带。

观察内容

推测断层的存在。断层面未能直接观察，但其两侧地层岩性与产状均存在很大的差异。北部地层为板溪群钙质泥质板岩，有浅变质，发育片理化；南部地层为中泥盆统跳马涧组含砾石英砂岩（照片如附录 3 中图 61），未变质。地层产状有明显差异。由于两套地层接触界线被浮土覆盖，不能排除不整合面的可能性。从跳马涧组含砾石英砂岩的特征看来，不似底砾岩，或据其底部尚有不小的距离，故推断为两套地层断层接触。

技能练习

（1）通过岩性的突变接触关系判断断层的存在。
（2）分析断层存在的主要依据。

知识拓展

◇ 断层存在的依据

断层存在的直接依据是断层两盘岩石的类型、岩性、产状等特征相隔断层面发生突变。断层面（带）的特征反映断层两盘地层岩石发生过张裂、错动、挤压、摩擦等现象，留下断层角砾岩、断层泥、挤压片理化及透镜体、挤压镜面、擦痕、阶步等特征，或伴生小断层、节理、褶皱等次级构造。

当断层面（带）被掩盖，不能直接观察时，可通过一些辅助的特征如地层缺失或重复、构造岩块、破碎带、地貌特征、水系特征、植物分布特征、热液活动及矿化特征、地球物理及地球化学特征等来加以推断。

（五）D0105 桃花岭山脊风车口

知识点

砂岩、含砾砂岩、砾岩，交错层理，石英脉，地层顶底面的判断。

观察内容

（1）观察中泥盆统跳马涧组灰白色砂岩、砾岩（照片如附录 3 中图 62 所示）、紫红色砂岩（照片如附录 3 中图 63 所示）的特征。
（2）观察地层中的沉积构造（照片如附录 3 中图 64 所示），了解层理的概念。
（3）观察岩石中的小构造特征（照片如附录 3 中图 65 所示），了解石英脉的形态特征及成因。

技能练习

（1）初步掌握碎屑岩的观察、描述方法和定名原则。

（2）根据羽状斜层理的形态，推断岩层的顶底面，判断地层层序。

（3）通过地层岩性的变化推断古地理环境，紫红色砂岩反映有一定深度的滨浅海氧化环境，气候炎热。

（4）判断灰白色砂岩、砾岩与紫红色砂岩两套地层之间的关系。

知识拓展

◇ 斜层理的形成

岩层垂向上由于物质成分、颜色、颗粒大小、排列方式不同而显现出的层状构造，称为层理。斜层理通常也称为交错层理。它是由一系列斜交于层系界面的纹层组成，层系可以彼此平行、交错、切割的方式组合。其特点是纹层大致规则地与层系界面呈斜交的关系，上部与层系界面截交，下部与之相切，由此可以判断地层的顶底面。此外，利用斜层理的倾向可以了解沉积物的来源方向。由于这种层理是由沉积介质（水流及风）的流动造成的，当介质具有一定流速时，底床上可以产生一系列的沙波，这种沙波顺流移动的结果，是在陡坡加积作用一侧形成了由一系列纹层组成的斜层系。斜层系互相平行或彼此切割构成不同形态的交错层理。纹层倾向表示介质流动的方向。

（六）D0106 桃花岭风车口沿南东向小路下山至山腰水平小路向北至塘坡

知识点

紫红色粉砂岩，泥质灰岩，水平层理

观察内容

（1）观察紫红色砂岩的岩性特征。

（2）观察泥质灰岩及其风化产物的特征。

（3）观察细碎屑岩中的水平层理，其风化后呈页片状构造。

（4）观察地层整合叠置关系。

技能练习

（1）初步掌握泥质灰岩的观察、描述方法和定名原则。

（2）分析沉积岩风化过程中的物质流失现象及风化产物的成分变化。

知识拓展

◇ 风化流失

具有化学活动性的物质在表生环境中可以被水溶解，从而发生化学风化作用。岩石在化学风化过程中，不易溶的组分将残留原地。如果岩石的主要成分是难溶的，而只有部分成分是易溶的，在风化过程中易溶组分风化流失，难溶组分残留下来，保留原岩的结构构造特征，甚至形成一种新的岩石类型。如泥质灰岩在风化过程中，灰质组分流失，泥质组分残留，形成一种貌似泥岩的残积物。

二、路线2(L02)　中南大学本部职工医院后山—湖南师范大学体育学院后山

教学目的

(1)认识酸性浅成侵入岩浆岩的特征及其与围岩的关系，掌握其观察与描述方法。
(2)巩固沉积岩及沉积构造的观察与描述方法。
(3)掌握节理和断层的观察与描述方法。
(4)观察块体运动(滑坡)的特征，掌握其调查与治理方法。

教学内容与要求

(1)观察石英斑岩脉与围岩的接触关系，重点观察石英斑岩的岩性特征、产状及围岩的变质特征。
(2)观察沉积岩层理构造、层面构造，了解沉积构造的形成原理。
(3)观察断层及节理构造的特征。
(4)观察滑坡体的特征，分析滑坡形成的原理，掌握其调查与治理方法。

路线简介

本路线长约1.5 km，重点观察岩浆活动、构造运动、块体运动等内力地质作用与外力地质作用的特征及产物，主要观察点4个(D0201，D0202，D0203，D0204)，包括校医院围墙后滑坡体观察、校医院后山断层及节理构造、体育学院后山石英斑岩脉。该路线自D0202开始沿小路向北约50 m，沿途可见多条平行的正断层，断层特征表现各有不同。

(一)D0201 校医院后山滑坡体

知识点

滑坡。

观察内容

(1)滑坡形成的条件：岩土体类型、地形地貌、地质构造、水文地质条件等。
(2)滑坡体的特征：滑坡体形态、规模、结构要素。
(3)滑坡体的治理。

技能练习

滑坡体形态、结构素描。

知识拓展

◇ **滑坡**

滑坡是坡面物质运动和坡面发育的一种方式和过程。在滑坡的发生和发展过程中起决定性作用的是坡面上存在易于滑动的物质，其下部出现易于滑动的不连续面—结构优势面以及其前缘存在允许它向前沿移的有效临空面。本处滑坡为一小型土质滑坡，已进行处理，在滑坡前缘构筑了挡土墙进行支挡。

(二)D0202 校医院后山南北方向小路(小平台西侧)

知识点

断层及断层效应。

观察内容

(1)观察龙口冲组(D_3lk)泥质粉砂岩与页岩的岩性特征。

(2)观察断层及断层效应(照片如附录3中图66所示)。

技能练习

(1)粉砂岩、页岩的野外观察及鉴定。

(2)断层及断层效应的观察与描述。

(3)测量地层及断层面的产状，推断断层性质。

知识拓展

◇ **地质体空间位置的确定**

地质体泛指天然的岩石块体，而不论其规模大小、形状、内部结构和成因。地质体在地面上直接露出部分称为露头。露头上往往赋存有地质构造的一些信息，因而成为地质工作者在野外调查研究的重要对象。在应力作用下，地质体有的发生空间位置的变化(变位)，如平移或平稳的升降；有的出现形体改变(形变和体变)和方位扭转，这些变化后的产物统称为地质构造。为了研究地质构造，首先要确定地质体的空间位置，也就是确定地质构造的产状。

(三)D0203 校医院后山南北向小路(小平台旁侧)

知识点

波痕，层理，节理

观察内容

（1）观察龙口冲组（D₃lk）灰色互层状泥质粉砂岩与页岩的岩性特征。

（2）观察波痕的特点，测量其走向及波痕要素（照片67）。

（3）观察节理面特征、发育程度及节理充填特征（照片68）。

技能练习

（1）学习粉砂岩和页岩的野外鉴别方法。

（2）根据波痕特征，确定波痕成因，判断古水流方向。

（3）节理构造分组，并判断其性质与应力状态。

知识拓展

◇ 波痕

层面构造是指在岩层表面呈现出的各种沉积痕迹。这类构造种类繁多，成因各异，主要包括波痕、泥裂、雨痕和冰雹痕、冲刷面、沟模及槽模等。波痕是由风、水流或波浪等介质的运动，在沉积物表面所形成的一种波状的层面构造，分成风成、流水及波浪三种基本成因的波痕，其大小形态对称性各异。它们在岩层表面通常形成一系列相互平行或分叉的波峰或波谷，峰谷延展方向垂直于介质运动方向。波痕是非黏性的砂粒所形成的沉积构造，常见于粉细粒砂岩之中。可得用波痕特征来确定岩层的顶面和底面。

（四）D0204 湖南师范大学体育学院后山采石处

知识点

石英斑岩，侵入接触关系，接触热变质作用。

观察内容

（1）石英斑岩岩性特征。

（2）石英斑岩岩体形态及产状。

（3）观察石英斑岩与围岩（泥质粉砂岩）的接触关系。

技能练习

（1）石英斑岩的野外识别。

（2）侵入接触关系的识别及产状描述。

知识拓展

◇ 岩体与围岩的接触关系

岩体与围岩的接触关系又称热接触，是岩浆上升侵入于围岩之中，经冷凝后形成的火成岩体与周围其他岩石的接触关系。其主要标志之一为：环绕岩体的围岩有接触变质现象，并呈带状分布，其变质程度离岩体越远越弱，这种关系反映出岩体的侵入时代晚于围岩。就接触面形态而言,有平直的、波状的、港湾状的、锯齿状的、枝杈状的、顺层贯入的等等。对于平直的和波状的接触面,可在露头上直接测量岩体产状。其他形状的接触面往往难以直接测量,需要一定距离内估计其总体产状,或选择代表性地段进行测量。

三、路线3(L03) 后山部队—岳麓山—湖南大学

教学目的

(1)掌握沉积岩岩性特征、结构、构造的观察与描述。
(2)掌握褶皱、节理和断层等构造的观察与描述。
(3)了解地下水类型、地下水出露与地形地貌的关系。

教学内容与要求

(1)观察路线沿途出露的各类沉积岩岩性特征。
(2)观察褶皱、断层和节理的野外识别标志。
(3)观察地下水的出露特征,结合地层分布、岩性特征及地形地貌标志判断地下水类型。
(4)掌握素描图、信手剖面图基本绘制方法。

路线简介

本路线重点观察泥盆系沉积地层,以及其中发育的褶皱、断层和节理特征,学习素描图、信手剖面的基本绘制方法。共设 6 个观察点(D0301,D0302,D0303,D0304,D0305,D0306)。起点在中南大学北、后山部队驻地东侧,沿山路爬行向上,注意观察脚下地层岩性及产状变化情况;上山至响石岭,沿响石岭围墙边西行,再下行至蔡锷墓北山坡,转至下山大路至白鹤泉;沿下山公路至枫林沟,出岳麓山南大门。雨季时有山体滑坡发生,注意避开滑坡路段,保证人身安全;沿途游客众多,注意队伍整齐,不要掉队。

(一)D0301 岳麓山后山部队驻地东侧

知识点

泥灰岩,断层,节理,球状风化。

观察内容

(1)观察中泥盆统棋梓桥组(D_2q)泥灰岩的特征。
(2)观察断层在剖面上的表现(照片如附录3中图69所示),测量断层面产状并判断其性质。
(3)观察节理特征,测量节理产状和密度,并对节理进行分组,判断其性质。

(4)观察球状风化的特点(照片如附录 3 中图 70 所示),理解岩性、构造对球状风化的影响。

技能练习

(1)地质罗盘的使用和地质体(地层、断层、节理)产状测量。
(2)素描图绘制。

知识拓展

◇ **球状风化**

球状风化基于节理构造对风化作用的影响,节理破坏了岩石的连续性和完整性,增加了岩石的可透性,是促进岩石风化的重要因素,因而岩石中节理密集之处往往风化最强烈。有时几组方向的节理将岩石切割成多面体的小块,小岩石块的边缘和隅角从多个方向受到温度及水溶液等因素的作用而最先破坏,而且破坏深度较大,久而久之,其棱角逐渐消失,变成球形或椭球形,这种现象叫作球状风化。它是物理风化和化学风化联合作用的结果。

(二)D0302 岳麓山后山部队驻地小路上坡至丁文江墓地下方 10 米处

知识点

沉积相,信手剖面。

观察内容

(1)从 D0301 点沿山坡小路向上,沿途观察岩性变化、产状变化。
(2)观察认识棋梓桥组中的古生物化石(照片如附录 3 中图 72 所示)。
(3)识别棋梓桥组(D_2q)、龙口冲组(D_3lk)与吴家坊组(D_3w)地层分界线。

技能练习

(1)绘制信手剖面图。
(2)地层岩性观察及沉积相分析。

知识拓展

◇ **沉积相**

沉积相是沉积物的生成环境、生成条件和其特征的总和。成分相同的岩石组成同一种相,在同一地理区的则组成一组相。根据岩石的生成环境沉积相主要划分为陆相、海陆过渡相和海相三大类。鉴定这些岩石的沉积环境、主要依据岩石的岩石学特征、沉积结构与构造,还可以依据其中包含的古生物化石,及地球化学指标。

(三)D0303 岳麓山响鼓岭向黄兴墓方向水平小路旁

知识点

石英砂岩,碎屑岩的成熟度,沉积构造。

观察内容

(1)认识吴家坊组（D_3w）石英砂岩岩性特征。

(2)观察石英砂岩中的水平层理、斜层理。

(3)观察石英砂岩风化特征。

技能练习

(1)碎屑岩的分选性和磨圆度观察判定。

(2)不同岩性与地貌的对应关系。

知识拓展

◇ **碎屑岩的成熟度**

碎屑岩的成熟度包括成分成熟度与结构成熟度两个方面的含义。成分成熟度是指碎屑岩岩中碎屑组分在风化、搬运、沉积作用的改造下接近最稳定的终极产物的程度。一般来说，不成熟的砂岩是近物源区堆积的，含有很多不稳定碎屑，如岩屑、长石和铁镁矿物。高成熟度的砂岩是经过长距离搬运、遭受改造的产物，几乎全部由石英组成。因此，砂岩中存在的岩屑和碎屑矿物的种类和相对丰度，也就是成分成熟度。它是物源区地质条件、风化程度和搬运距离远近的反映。结构成熟度体现在分选性、磨圆度及基质含量三个方面，分选越好、磨圆度越高基质含量越低则结构成熟度越高。它一般随再搬运次数和搬运距离的增加而增加。砂岩的结构成熟度与成分成熟度可以一致，也可以不一致。

（四）D0304 黄兴墓向蔡锷墓方向下山小路旁

知识点

断层的野外判别标志。

观察内容

(1)认识吴家坊组（D_3w）石英砂岩夹页岩。

(2)认识断层的野外判别标志。此处为岳麓山—湖大断层通过处（照片如附录3中图71所示），观察断层角砾岩、擦痕及地貌等特征。

技能练习

(1)断层的野外判别标志的观察及综合描述。

(2)断层面特征观察及描述。

（五）D0305 白鹤泉

知识点

地下水及其类型。

观察内容

（1）该点的地形地貌特征。

（2）根据自云麓宫至麓山寺一带出露地层岩性特征，判断白鹤泉的地下水类型。

技能练习

结合地层及岩性特征，分析判断该处地下水类型。

知识拓展

◇ **白鹤泉**

白鹤泉位于麓山寺观音阁外南侧，上山公路旁。山崖前有一碧瓦单檐方亭，亭中有泉池一方，周以汉白玉石栏护之。从山顶直下有一裂隙，山上水经沙岩层过滤后经裂隙流下，至白鹤泉处稍转平缓，泉水从石罅中涓涓涌出，汇集泉池，不盈不涸，"冷暖与寒暑相变，盈缩经旱潦不异"。泉水清流澈甘冽称"麓山第一芳润"。宋张轼云："满座松声间金石，微澜鹤影漾瑶琨。"相传古时一对仙鹤爱泉水甘润，飞止其上，后泉水中即留下双双鹤影，以泉水沏茶，热气升腾，盘旋于杯口之上，酷似一双白鹤翩翩起舞，故泉名白鹤，又名双鹤。

（六）D0306 枫林沟（第九战区抗战指挥部旧址）

知识点

褶曲及褶皱要素。

观察内容

（1）自麓山寺沿向东下山小路，沿途观察地形地貌特征变化。

（2）认识上泥盆统吴家坊组（D_3w）岩性特征。

（3）观察褶曲特征及褶皱要素的产状、组合特征、褶曲转折端发育的节理构造特征（照片如附录3中图73所示）。

技能练习

（1）根据褶皱要素的空间展布及其组合特征，分析褶皱类型。

（2）绘制褶曲素描图。

✏ 知识拓展

◇ 褶曲

褶曲的形态是多种多样的，其基本类型有两种，即背斜和向斜。在实际工作中，还可根据其他方面特征对褶曲进行多种形态的分类，如根据褶曲的横剖面形态（褶曲轴面及两翼岩层产状）分类、根据转折端形状及两翼特点分类、根据褶曲的纵剖面形态分类、根据褶曲的平面形态分类等。这些分类便于准确描述褶曲的形态，并在一定程度上反映褶曲的成因。

🔵 四、路线 4（L04） 望城区丁字镇

教学目的

（1）认识酸性深成侵入岩浆岩—花岗岩的主要特征。
（2）认识新之古界冷家溪群（QbL）白云母片岩的主要特征。
（3）了解花岗岩风化壳的主要特征。

教学内容与要求

（1）观察望湘花岗岩体花岗岩和伟晶岩的主要特征，以及岩体中节理发育情况。
（2）观察白云母片岩的主要特征。
（3）观察花岗岩体与围岩的接触关系。
（4）观察花岗岩风化壳的特征。

路线简介

本路线重点观察花岗岩的主要特征，学习确定岩浆岩与围岩的接触关系、主要岩浆岩、变质岩的描述方法，共设 2 个观察点（D0401，D0402）。起点距离中南大学校本部约 35 km，需乘车前往，在丁字联络线采石场附件下车，步行至采石场。采石场内要注意安全，不得在有危岩的陡坡下长时间停留。

（一）D0401 丁字湾采石场

🔖 知识点

花岗岩，伟晶岩，析离体，俘虏体，节理。

👤 观察内容

（1）观察花岗岩、伟晶岩的特征。
（2）观察花岗岩中析离体特征。

（3）观察云英岩化花岗岩的特征。

（4）观察岩体中节理的特征。

技能练习

（1）了解花岗岩岩体的产出规模，学习掌握花岗岩野外鉴定方法。

（2）掌握花岗岩的描述方法，包括颜色、构造、结构、矿物组成（主要矿物和次要矿物特征，包括各矿物的形态、大小、含量）、蚀变特征等。

（3）了解岩体中析离体的形态、大小、分布密度以及矿物组成等特征（照片如附录 3 中图74 所示）。

（4）观察测量伟晶岩脉的形态、产状、宽度、延伸、脉壁平整程度、矿物组成等特征（照片如附录 3 中图 75 所示）。

（5）对岩体中的节理平整程度、延伸、充填情况、产状进行测量统计，分析各组节理类型及新老关系；进一步了解人工开采面与节理产状之间的关系（照片如附录 3 中图 76 所示）。

（二）D0402 茅屋湾（丁字湾—桥头驿公路边）

知识点

白云母片岩，侵入接触关系，花岗岩风化产物，风化壳。

观察内容

（1）观察认识冷家溪群（QbL）的岩性、岩层产状，重点是白云母片岩的结构、构造及主要矿物特征。

（2）确定花岗岩与围岩的接触关系。

（3）观察花岗岩风化壳的特征。

技能练习

（1）学习片岩的野外鉴定方法。

（2）测量围岩的产状，确定接触面的产状。

（3）观察侵入接触关系，并绘制侵入接触关系素描图。

（4）掌握花岗岩风化产物鉴别方法。观察花岗岩风化壳的特征。

知识拓展

◇ **丁字湾花岗岩体**

岩体位于长沙北部，跨望城和湘阴两地，又称望湘岩体，分布面积为 1600 km^2，呈不规则椭圆状沿北东向展布。该岩体为一复式酸性深成侵入体，主要由黑云母花岗岩、白云母花岗岩、二云母花岗岩构成；在丁字湾为中粗粒黑云母花岗岩和似斑状黑云母花岗岩，其主要矿物有碱性长石（占比 32% ～33%）、酸性斜长石（占比 25% ～30%）、石英（占比 30% ～34%）；次要矿物为黑云母、白云母；副矿物有磷灰石、锆石、磁铁矿、钛铁矿等；局部蚀变发育处可见电气石、黄玉等。

其围岩为元古代冷家溪群(QbL)的白云母片岩,为侵入接触关系;冷家溪群原岩为泥岩、粉砂质泥岩等。

该岩体的同位素绝对年龄值为(1.86~1.47)亿年,形成于燕山期。

在岩体的裂隙中发育伟晶岩脉和细晶岩脉。伟晶岩和细晶岩是浅色的二分脉岩,前者具伟晶结构,后者为细晶结构。

云英岩化主要局部发育于花岗岩体的早期裂隙中,使岩石呈浅灰白色,主要由石英和白云母组成,还可见特征变质矿物电气石等;岩石具鳞片粒状变晶结构,块状构造。

花岗岩的矿物组成为长石、石英、黑云母、白云母等,在地表温暖潮湿的条件下,黑云母和长石易风化,其中长石被风化为黏土,而白云母和石英位于鲍文反应系列最底部,在地表条件下是比较稳定的,所以在风化带中下部可以稳定保留下来,特别是石英最稳定,经常在花岗岩的露头处出现大量石英砂粒。一个完整的花岗岩风化壳剖面自上而下可分为以下四层。

①土壤层:为地表至植物根系发育的地段,为黑褐色—浅黑色,主要由黏土、石英组成,富含腐殖质。

②残积层:该层结构疏松,黄褐色至棕红色,主要由黏土、石英组成,表现为含砂(或砾)质黏性状。

③半风化层:上部仅在局部保留母岩的结构构造特征,而下部基本保留了母岩的结构构造特征,上部长石、黑云母等风化强烈,黑云母风化后仅残留下褐色铁质斑点,长石已风化为黏土矿物,有时可保留长石的形态特征(假象),故可根据长石的特征划分风化带。

④基岩:岩石呈灰白色,坚硬,矿物成分基本未改变。

五、路线5(L05)　桐梓坡—白沙井—南郊公园湘江边

教学目的

(1)认识湘江河谷地貌。
(2)了解河流冲积物特征。
(3)掌握地下水特征。

教学内容与要求

(1)观察河谷地貌形态,包括河床、江心洲、边滩、河漫滩、阶地、谷底、谷坡、谷缘。
(2)观察湘江河谷阶地特征,包括基座的岩性、产状,盖层冲积物组成、厚度、产状等。
(3)观察白沙古井地下水特征。
(4)掌握河流冲积物的垂向沉积序列特征,统计河床砾石最大扁平面产状,并确定古水流方向。

路线简介

本路线重点观察湘江河谷地貌形态和地下水特征。共设 3 个观察点（D0501，D0502，D0503）。终点距离中南大学驻地约 10 km，3 个观察点之间相距较远，需乘车前往。分别在湘江中路桐梓坡路和白沙路下车观察。由于这些观察点地处市内交通干线地段，应注意交通安全；同时，不得下河淌水。

（一）D0501 南郊公园东侧湘江中路河边

知识点

河床，江心洲，边滩，河漫滩，阶地，谷底，谷坡，谷缘，冲积物。

观察内容

（1）湘江河谷地貌，包括河床、江心洲、边滩、河漫滩、阶地、谷底、谷坡、谷缘（图 13-1）。

（2）观察湘江河谷阶地沉积物组成、厚度、产状等。

（3）掌握河流沉积物的二元结构，统计河床砾石最大扁平面产状，确定古河流流向。

（4）识别河流冲刷面特征。

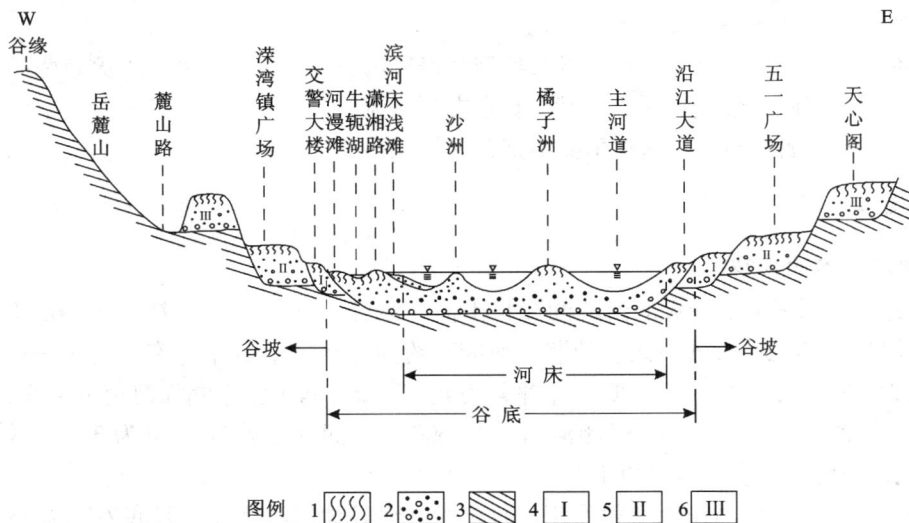

图 13-1 湘江河谷地貌综合示意剖面图

1—河漫滩相亚砂土、亚黏土；2—河床相砾石、粗砂；3—基岩；

4——级堆积阶地；5—二级堆积阶地；6—三级基座阶地

技能练习

(1)学习河流冲积物的野外鉴定方法。

(2)观察湘江阶地沉积物组成、厚度、产状等;掌握河流沉积物的二元结构特征,重点观察河流边滩微相沉积物特征。

(3)统计河床砾石最大扁平面产状,确定古河流流向。

(4)观察识别河流冲刷面特征(照片如附录3中图77所示)。

(二)D0502 桐梓坡湘江阶地特征

知识点

阶地,基座,盖层,二元结构,角度不整合接触关系。

观察内容

(1)认识湘江各级阶地的分布特征。

(2)观察湘江阶地类型和构成。

(3)掌握河流沉积物的二元结构,及河床砾石成分、结构、构造特征。

(4)识别角度不整合接触关系。

技能练习

(1)学习河流冲积物的野外鉴别方法。

(2)鉴别湘江阶地类型,及基座岩石类型和盖层沉积物组成、厚度、产状等特征。

(3)统计河床砾石最大扁平面产状,确定古河流流向。

(4)观察基座岩性特征,识别角度不整合接触关系。

知识拓展

◇ **湘江河谷地貌特征**

长沙地区水系发育,最大的河流湘江自南向北流经长沙,除支流浏阳河、捞刀河外,还有若干小河流入湘江。长沙市区段的湘江河床宽约为1400 m,其中部有江心洲——橘子洲,橘子洲长为3260 m,宽为150~200 m,平均宽约175 m,橘子洲把湘江河道分为东西两个河道,东侧主河道宽约为700 m,西侧河道约为600 m。湘江平水期水位为30 m,枯水期为26 m,洪水期水位可达35 m及以上。

由于主支干河流地质作用交替作用,湘江两岸河谷地貌种类全,谷底发育有心滩(江心洲)、滨河床的边滩和河漫滩,谷坡上发育多级阶地。

河床亚相沉积物为含砂的砾石层,砾石呈扁椭球体状,平均粒径为52 mm × 37 mm × 2.3 mm,扁平系数为1.93~2.3,球度系数为0.63~0.65,磨圆度较好,砾石成分主要为脉石英砾石、硅质岩砾石和石英砂岩砾石,砾石间充填不等粒粗、中、细砂。

滨河床的边滩微相沉积物下部为砾石层,上部为石英和长石砂粒以及少量岩屑砂粒。滩面向河床倾斜,发育砂纹层理。

河漫滩沉积物主要为土黄色—浅褐色的粉砂质黏土、粉砂土；为水浅流速缓慢、洪水携带的大量悬浮物沉积的产物。构成河流沉积物的二元结构上部中发育网纹构造；其下部为河床相砂土层和砂砾石层。

根据阶地阶面标高、基坐标高、阶地物质组成、地下水化学类型等可划分出六级阶地，其中一级、二级为堆积阶地，三级及以上为基座阶地。

（三）D0503 白沙古井地下水观察

知识点

地下水，含水层，隔水层，地下水类型，井，泉。

观察内容

（1）观察白沙古井地下水的埋藏条件（图 13 – 2）。

（2）观察含水层和隔水层沉积物特征。

（3）了解白沙古井地下水的物理性质、补排条件、涌水量、地下水运动方向等。

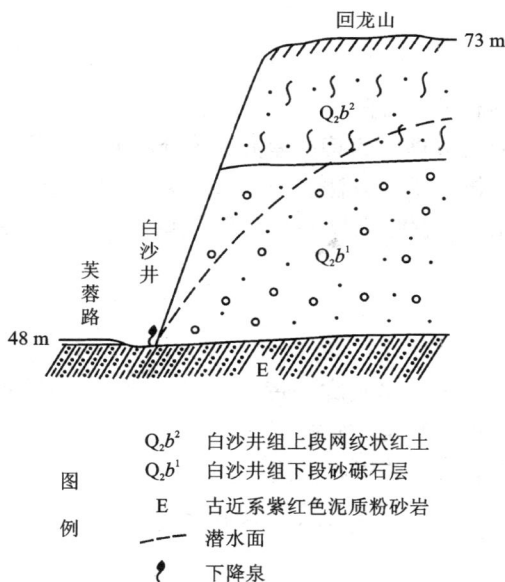

图例		
	Q_2b^2	白沙井组上段网纹状红土
	Q_2b^1	白沙井组下段砂砾石层
	E	古近系紫红色泥质粉砂岩
	----	潜水面
		下降泉

图 13 – 2　白沙古井地下水埋藏示意图

技能练习

（1）判别白沙古井地下水类型。

（2）观察组成含水层和隔水层沉积物特征。

（3）了解鉴定白沙古井地下水的物理性质的方法，学会简易地测量地下水涌水量。

（4）推断白沙古井地下水的补排条件和地下水运动方向。

知识拓展

◇ 白沙古井

白沙古井位于湖南省长沙市城南的回龙山下西侧，自古以来为江南名泉之一。泉水从井底汨汨涌出，清澈透明，甘甜可口，四季不断（照片见附录3中图78）。清乾隆年间，进士旷敏本、优贡张九思曾作《白沙井记》《白沙泉记》，盛称其泉"清香甘美，夏凉而冬温"，"流而不盈，挹而不匮"，甚至将之与天下名泉济南趵突泉媲美。自明清以来，长沙人民世世代代饮用此水，前来取水者络绎不绝。1950年，长沙市人民政府为保护古井，特拨款维修古井，井台铺花岗岩，四周围以石栏，坡侧植以树木，南北井中央横嵌"白沙古井"石碑，使白沙古井成为长沙解放后最早得到修复的名胜古迹之一。

六、路线 6（L06） 张家界联合国教科文组织世界地质公园三所消防站—南天门—十里画廊

教学目的

（1）掌握碎屑岩的观察和描述方法。
（2）能够对比层面构造与节理面的特征差异，区分层面与节理面。
（3）初步掌握沉积相分析的基本方法。
（4）认识表生地质作用，了解张家界地貌、根劈作用、崩积岩块等概念。

教学内容与要求

（1）观察公园三所消防站—十里画廊一带的地层岩性、构造特征。
（2）根据沉积岩的结构构造特征，分析沉积环境特点。
（3）观察张家界地貌的特征，分析其形成条件。
（4）观察公园的表生地质作用，探讨其形成条件。

路线简介

本路线重点观察张家界联合国教科文组织世界地质公园主要地层（泥盆系云台观组砂岩、黄家磴组铁质砂岩）及张家界地貌（砂岩峰林地貌）特征。观察路线从三所消防站路口出发，沿石板路上山，至南天门止。从南天门开始自由参观考察，经由天台景点转折下山至十里画廊景区，返回公园主道。路线共设5个观察点（D0601，D0602，D0603，D0604，D0605，D0606）。起点距离武陵源东门吴家峪门票站约5 km，乘公园环保车可抵达。

（一）D0601 三所消防站路口

知识点

中厚层状砂岩、泥质砂岩，崩塌岩块，根劈作用，坡积物。

观察内容

（1）观察认识泥盆系云台观组碎屑岩特征，以中厚层状砂岩夹泥质砂岩为主（照片如附录3中图79所示）。

（2）观察不同成分的碎屑岩的风化特征，了解根劈作用的特征（照片如附录3中图80所示）。

（3）观察表生地质作用特征，了解崩塌岩块、坡积物等。

技能练习

（1）学习碎屑岩的野外鉴定方法。

（2）掌握砂岩的描述方法，包括颜色、结构（碎屑结构、胶结物特征）、构造，根据岩石的风化特征判断其成分。

（3）了解崩塌岩块及坡积物的特征及成因。

知识拓展

◇ 崩塌作用

崩塌作用是常见的一种地质灾害，可分为蹦落作用和塌陷作用。崩落作用是指岩石块体以急剧快速的方式与基岩脱离、崩落、沿斜坡滚滑并在坡脚堆积的整个过程，是一种最为常见的重力地质作用，在以物理风化作用为主的高山地区最易发生，在河岸、海涯等局部地形陡峭地区也常常发生。塌陷作用是悬在地下空洞上方的岩石在重力的作用下塌陷下来，造成地面陷落的过程；塌陷作用主要发生在岩溶地区。

◇ 根劈作用

根劈作用是生物物理风化作用的一种方式，在植物茂盛、岩石裂隙发育的地区很常见。该作用指生长在岩石裂隙中的植物，特别是一些高等植物，随着植物长大，根部变粗，对周围岩石产生压力（可达 $1 \sim 1.5$ MPa），致使岩石裂缝扩大、加深，以致崩解的过程。

（二）D0602 军事管理区门前

知识点

砂岩，页岩，水平层理和平行层理。

观察内容

（1）观察砂岩及页岩的岩性特征。

（2）观察沉积构造特征。

(3)观察地层层序及其变化。

技能练习

(1)描述地层及岩性特征,包括地层层序变化,单层厚度及其变化,互层及夹层,岩石的颜色、成分、结构、构造及命名。

(2)根据岩石的成分及结构、构造特征,分析沉积环境及其变迁。

(三)D0603 隐仙桥畔

知识点

砾岩,冲刷面,河流的侵蚀作用,根劈作用。

观察内容

(1)观察砾岩的特征,分析砾岩在地层中的位置、分布及其意义。

(2)观察地层中的冲刷面。

(3)观察河流上游的侵蚀(下蚀)作用。

(4)观察根劈作用特征。

技能练习

(1)掌握砾岩的描述方法,了解砾石的特征及其描述方法(砾石成分、粒径、磨圆度、球度、分选性、长轴方向及最大扁平面倾向)。

(2)分析水下冲刷面的成因。

(3)分析河流下蚀作用的形成条件。

(4)分析根劈作用的形成条件。

知识拓展

◇ 冲刷面与假整合面

固结和半固结的沉积层的顶面,会因水流冲刷而成为凹凸不平的冲刷面。冲刷面之上,再沉积时,被冲刷下来的下伏岩层的碎块和砾石又往往堆积在冲刷出的沟、槽中。根据冲刷面和上覆岩层的碎屑,可以判别岩层的相对层序。

假整合又称"平行不整合",指同一地区新老两套地层间有沉积间断面相隔但产状基本一致的接触关系。上、下岩层时代、岩性和古生物特征均不连续,说明下伏岩层沉积以后,地壳上升隆起,沉积作用中断,遭受风化剥蚀,后期该区重新下降,接受沉积,形成上覆岩层。

冲刷面反映沉积过程中的一个短暂的间断;假整合面则反映相对较长的沉积间断。

(四)D0604 回音壁景点

知识点

水平岩层,砂岩,斜层理,共轭节理,张家界地貌。

观察内容

（1）观察砂岩及沉积构造特征，注意岩性在纵向上的变化（照片如附录 3 中图 81、图 82 所示）。

（2）观察水平岩层的特征（照片如附录 3 中图 83 所示）。

（3）观察岩石中的节理，可见平行层面的节理和垂直层面的两组近于垂直的共轭剪节理（照片如附录 3 中图 83、图 84 所示）。

（4）观察张家界地貌（砂岩峰林地貌）特征。

技能练习

（1）掌握砂岩的观察描述方法，分析双向斜层理的形成条件。

（2）根据斜层理的特征判断地层的顶底面。

（3）测量两组近于直立的共轭节理面的产状，初步分析岩石的受力状态。

（4）分析张家界地貌的形成条件。

知识拓展

◇ **张家界地貌**

张家界地貌是砂岩地貌的一种独特类型，它是在中国华南板块大地构造背景和亚热带湿润区内，由产状近水平的中、上泥盆统石英砂岩为成景母岩，以流水侵蚀、重力崩塌、风化等营力形成的，以棱角平直的高大石柱林为主，以及深切嶂谷、石墙、天生桥、方山、平台等造型地貌为代表的地貌景观。

（五）D0605 南天门景点

知识点

水平岩层，共轭节理，天生桥。

观察内容

（1）进一步观察张家界地貌特征（照片如附录 3 中图 85 所示）及形成该地貌类型的几个地质学要素。

（2）观察天生桥（照片如附录 3 中图 86 所示）景观。

技能练习

（1）从地层层序和岩性变化的角度分析天生桥地貌景观的形成作用，探讨其形成和发展的阶段性。

（2）画一幅景观地质素描图，应包含地貌形成的诸地质要素。

✏ **知识拓展**

◇ **天生桥**

天生桥是岩溶及峰林地貌中的一种特殊的景观，由于下部岩石的溶蚀或者崩落形成天然的通道，形成状似桥梁的地貌景观。

七、路线7(L07)　张家界联合国教科文组织世界地质公园水绕四门—金鞭溪

教学目的

(1)认识园区内地层岩性、沉积构造及节理构造。
(3)观察山区河谷地貌特征、现代河流地质作用及河床沉积物特征。

教学内容与要求

(1)观察组成园区地层的岩性、产状、层内构造。
(2)观察园区内地质构造特征及其与地质构造运动的关系。
(3)观察金鞭溪河床冲积物特征及山区河谷地貌特征。

路线简介

本路线重点观察地层岩性、沉积构造、地质构造、河流沉积物及地貌特征。共设4个观察点(D0701，D0702，D0703，D0704)。本线路在武陵源核心景区内，需乘景区环保车在水绕四门下。起点在金鞭溪下游，沿金鞭溪行走观察。水边路滑，注意安全，不得下河淌水。

(一)D0701 金鞭溪下游出口处

📑 **知识点**

石英砂岩，斜层理，沉积环境，节理。

👤 **观察内容**

(1)认识组成张家界峰林中泥盆统云台观组(D_2y)的岩性，测量岩层产状，观察沉积构造。

(2)观察节理构造特征。

🔧 **技能练习**

(1)学习石英砂岩、泥质石英砂岩的野外鉴定方法。

（2）掌握砂岩的描述方法。

（3）观察测量节理的产状，推断其主应力方向。

（二）D0702 天然石塔

📑 知识点

石英砂岩，页岩，粉砂岩，页理，水平层理，沉积环境，节理。

👓 观察内容

（1）认识组成天然石塔（照片如附录3中图87所示）的云台观组（D_2y）岩性，测量岩层产状，观察沉积构造。

（2）观察测量节理构造特征。

🪓 技能练习

（1）学习页岩、粉砂岩的野外鉴定方法。

（2）掌握页岩和粉砂岩的描述方法。

（3）观察测量节理的产状，推断其主应力方向。

（三）D0703 金鞭溪之字形拐弯处及上游地段

📑 知识点

山区河谷形态，河谷要素，河流的侵蚀搬运作用，河流沉积作用及产物。

👓 观察内容

（1）观察山区河谷地貌（照片如附录3中图88所示），认识河谷地貌要素，包括谷坡、谷底、河床、心滩、边滩。

（2）观察现代山区河流沉积物特征，包括砾石成分、粒径、磨圆度、球度、分选性、长轴方向及最大扁平面倾向等。

🪓 技能练习

（1）描述河床底部滞留沉积物特征。

（2）描述河床边滩沉积物组成特征，沉积物分布形态特征等。

（3）绘制河流拐弯处平面示意图。

✏️ 知识拓展

◇ 金鞭溪河谷地貌

地貌的形成是内力地质作用与外力地质作用相互作用于地表的产物。该区地貌的形成主要是中生代燕山运动的断裂作用和新生代喜山运动的隆升作用，叠加后期的外动力地质作用对其改造而形成的壮观奇特的地貌。其中，流水是本区主要景观形成的最主要作用之一。构造运动隆升形成的高山地区,受到地表流水等外动力地质作用的侵蚀和搬运,形成本区深切河曲和独特的峰林地貌等侵蚀地貌。

由于山区河流流经地形较陡,水流速度大,其沉积碎屑颗粒明显较大。在河流底部滞留沉积物多为粗大的砾石,其磨圆度与分选性相对较差;在河流转弯处,凹岸以侵蚀作用为主,凸岸则以沉积作用为主,发育新月形边滩。

(四)D0704 服务站上游层理观察点

知识点

斜层理,波状层理,透镜状层理,沉积环境,潮间带,节理。

观察内容

(1)观察云台观组(D_2y)的岩性,测量岩层产状,观察层理构造特征。
(2)观察测量节理构造特征。

技能练习

(1)学习沉积岩层理构造的野外鉴定方法。
(2)观察并绘制该处层理构造素描图。
(3)分析沉积环境。
(4)观察测量节理的产状,推断其主应力方向。

八、路线 8(L08) 张家界联合国教科文组织世界地质公园黄龙洞园区—索水河

教学目的

(1)掌握岩性、构造、构造运动、潜水面对岩溶形成和发育的控制作用。
(2)初步掌握岩溶的调查方法。
(3)观察河谷地貌、现代河流地质作用及河床沉积物。

教学内容与要求

(1)观察黄龙洞园区及周边地层露头的岩性、构造特征。
(2)观察黄龙洞园区内溶沟、石芽、溶洞、落水洞、暗河、石钟乳、石笋、石柱,分析地下水溶蚀作用及其溶蚀地貌与构造运动的关系。
(3)观察索水河河床冲积物特征。
(4)观察索水河河谷地貌。

路线简介

本路线重点观察岩溶地貌，以及河流、河谷等第四纪地质地貌特征，学习岩溶、第四纪地质地貌的基本调查方法。共设 3 个观察点（D0801，D0802，D0803）。起点距离武陵源区驻地约 3 km，需乘车前往。在黄龙洞园区入口处下车，步行至哈利路亚音乐厅后方，沿山边步行至黄龙洞口；出洞口步行至索水河边，沿河行走。洞内、水边路滑，注意安全，不得下河淌水。

（一）D0801 哈利路亚音乐厅后山边

知识点

碳酸盐岩，沉积构造，沉积环境，节理。

观察内容

（1）认识下三叠统大冶组（T_1d）的岩性（照片如附录 3 中图 89 所示），测量岩层产状，观察沉积构造、溶蚀特征等。

（2）观察溶蚀裂隙特征。

技能练习

（1）学习灰岩的野外鉴定方法。

（2）掌握灰岩的描述方法，包括颜色、结构（结晶程度及粒度、是否含生物碎屑）、构造（层理、鸟眼、缝合线构造等）。

（3）测量节理的产状，推断其主应力方向。

知识拓展

◇ **下三叠统大冶组（T_1d）沉积相——浅海陆棚相**

浅海陆棚相是海相沉积类型之一。陆棚又叫"大陆架"，泛指平均浪基面往下至水深 200 m 的水下区域，再往下即进入大陆斜坡区。这一带的特点是波浪作用力小，阳光充足，底栖生物繁盛，沉积物以陆源细碎屑物质及化学和生物沉积物质为主，富含海生生物遗体。大冶组中下部岩性以灰色薄层致密石灰岩、泥灰岩为主，底部为泥、页岩；岩石中水平层理发育；生物丰富，产薄壳瓣鳃类化石。上部为灰至浅灰色厚层灰岩夹灰质白云岩，局部见亮晶鲕粒灰岩。反映大冶早中期沉积水体较深，晚期抬升为浅水环境，构成一个向上不断变浅的沉积序列，整个大冶期的发展史是一个浅水碳酸盐台地不断增生的过程。

（二）D0802 黄龙洞园区

知识点

地下水的运动，地下水的化学溶蚀作用，地下水的沉积作用及沉积物。

观察内容

(1)观察溶洞的地理位置、地貌部位、海拔、地层层位、岩性与产状。

(2)观察节理状况、溶洞高度、宽度、延伸方向、分支情况。

(3)观察洞内化学沉积物类型(包括石钟乳、石幔、石笋、石柱,照片如附录3中图90所示)、数量,以及洞内地下水、地下暗河情况。

(4)分析溶洞形成过程与形成条件。

技能练习

(1)记录溶洞观察情况(表13-1)。

(2)绘制岩溶剖面示意图(包括地层、岩性、构造、溶洞、地下河等)。

知识拓展

◇ 岩溶

岩溶又称喀斯特(karst),包括化学溶蚀作用,以及流水的侵蚀、潜蚀、坍塌等机械侵蚀过程。我国岩溶地貌主要发育在我国南方桂、黔、滇、川、湘等地,是世界上最大的喀斯特分布区之一。岩溶地貌形成的风景成为优美的旅游景观,如世人所熟知的桂林山水、张家界黄龙洞、贵州织金洞、重庆天坑等。岩溶泉、地下暗河还是丰富的地下水资源。岩溶洞穴和古岩溶面是沉积矿产富集的有利空间,古岩溶潜山是良好的油气储集场所。

表13-1 溶洞观察记录表

名称	地理位置
洞口高程(m)	洞口相对高程(m)
地貌部位	构造部位
主要岩性、产状	地层时代
节理	
洞内形态(主洞、支洞方向,长、宽、高、底板坡度、分层情况)	
洞内沉积物	
地下水	
其他	

(三)D0803 黄龙洞园区旁索水河边

知识点

河谷形态及河谷要素,河流的侵蚀搬运作用及产物,河流沉积作用及产物。

🐝 **观察内容**

(1)观察河谷形态,认识河谷要素(谷坡、谷底、河床)。

(2)观察现代河流沉积物特征(砾石成分、粒径、磨圆度、球度、分选性、长轴方向及最大扁平面倾向)。

🏃 **技能练习**

(1)描述河流冲积物特征。

(2)描述河谷形态,绘制河谷剖面示意图。

九、路线9(L09) 张家界联合国教科文组织世界地质公园大门(锣鼓塔)—黄石寨

教学目的

(1)掌握碎屑岩的观察和描述方法,了解几种主要层理构造及层面构造特征,初步运用岩性结合沉积构造判断沉积环境。

(2)对比地层层面与节理面的特征差异,区分层面与节理面。

(3)认识表生地质作用,了解张家界地貌的主要特征,熟悉峰林地貌的发育过程。

教学内容与要求

(1)重点观察大岩屋景点的地质特征,掌握地层岩性、构造特征。

(2)根据沉积岩的结构构造特征,分析沉积环境。

(3)观察张家界地貌的特征及形成条件,分析其发育过程。

路线简介

本路线从张家界联合国教科文组织世界地质公园锣鼓塔入口(海拔高度约594 m)开始,徒步上山,经大岩屋、点将台,定海神针等景点,直达黄石寨山顶,由下而上重点观察公园内主要地层(上泥盆统云台观组砂岩、黄家礤组底部鲕状赤铁矿层)及张家界地貌(砂岩峰林地貌)特征。路线中以大岩屋为主要观察点,沿途参观点将台、天书宝匣、定海神针等地貌特征,最后到达黄石寨山顶(海拔911 m),沿途观察云台观组全貌,在黄石寨山顶可见黄家礤组底部鲕状赤铁矿层的残余。

(一) D0901 黄石寨大岩屋地质遗迹点

知识点

中厚层状砂岩、泥质砂岩，平行层理和交错层理，波痕。

观察内容

(1) 认识上泥盆统云台观组厚层砂岩夹泥质砂岩、粉砂岩的特征，观察地层中的层理构造(照片如附录 3 中图 91 所示)和层面构造(照片如附录 3 中图 92 所示)。

(2) 观察不同成分的碎屑岩的风化特征，分析砂岩中风化孔洞(照片如附录 3 中图 93 所示)的成因。

(3) 观察和了解张家界地貌特征。

技能练习

(1) 掌握砂岩的描述方法，根据岩石的风化特征判断其成分。

(2) 根据沉积岩及沉积构造特征分析沉积环境，根据波痕分析水流方向。

(3) 初步分析张家界地貌的成因及其发育演化历史。

知识拓展

◇ 层间滑动伴生节理

由于地层的层间滑动，沿着斜层理的方向发育后生的裂面，形成斜列式剪切节理(照片如附录 3 中图 94 所示)。其形态与斜层理外观相似，但节理面平直，底部未见与下层面相切的特征，以此与斜层理区别。节理面为明显的剪切破裂，但岩石未见明显位移。节理面成组出现，互相平行，与层面呈小角度斜交。

(二) D0902 点将台

知识点

砂岩、页岩，层理，溶蚀洞。

观察内容

(1) 观察砂岩及页岩的岩性特征。

(2) 观察平行层理、交错层理等沉积构造特征。

(3) 观察张家界地貌发育的地层和地质构造条件。

(4) 观察岩石中的溶蚀现象(照片如附录 3 中图 95 所示)。

技能练习

(1) 描述地层及岩性特征，包括地层层序变化，单层厚度及其变化，互层及夹层，岩石的颜色、成分、结构构造及命名，根据岩石的成分及结构构造特征，分析沉积环境及其变迁。

(2)探讨张家界地貌形成的地层和地质构造条件，并分析其成因。

(3)通过岩石中溶孔的观察，分析其形成原因及形成条件。

✎ 知识拓展

◇ 爆破节理

由于人工爆破的冲击力造成岩石沿爆破中心向外扩散的扇形节理(照片如附录3中图96所示)。这是由于应力由中心向外释放而造成的。

(三)D0903 黄石寨天书宝匣—定海神针地质遗迹点

▤ 知识点

张家界地貌(砂岩峰林地貌)

观察内容

(1)沿途远眺，观察张家界地貌的特征(照片如附录3中图97、图98所示)，区分峰林发育的不同阶段。

(2)观察形成张家界地貌的岩石特征(照片如附录3中图99所示)，分析地层岩性、产状和节理对峰林地貌形成的作用。

(3)黄石寨远眺天子山景区泥盆系顶部夷平面(照片如附录3中图98所示)。

技能练习

(1)分析张家界地貌的成因和控制因素。

(2)分析表生地质作用形成的基本条件及存在标志。

✎ 知识拓展

◇ 标志层

标志层是指一层或一组具有明显特征可作为地层对比标志的岩层。标志层应当具有所含化石和岩性特征明显、层位稳定、分布范围广、易于鉴别的特点。

黄石寨顶部云台观组砂岩之上仍残留着一层黄家磴组底部鲕状赤铁矿层。该沉积层已经强烈风化，见残留的风化物，可作为黄家磴组底部的标志层(照片如附录3中图100所示)。

◇ 夷平面

夷平面(planation surface)是指各种夷平作用形成的陆地平面，包括准平原、山麓平原、风化剥蚀平原和高寒夷平作用形成的平原等。夷平作用是外营力作用于起伏的地表，使其削高填洼逐渐变为平面的作用。

夷平面从构造的角度可理解为：地壳稳定，地面经长期剥蚀—堆积夷平作用，形成准平原，之后地壳抬升，准平原受切割破坏，残留在山顶或山坡上的准平原，称为夷平面，或称山顶面。

公园地处亚热带，气候温暖，降水充沛，雨量也相对集中于夏季，河流的侵蚀强度大，在高程为1100～1300 m处存在着一系列波状起伏连续分布的夷平面，主要分在天子山周围及索溪水系源头的分水岭地区，主要由二叠系与三叠系灰岩组成，其上多处发育有风化壳、古岩溶等残留地貌。

十、路线10(L10) 古丈红石林—坐龙峡—酉水

教学目的

(1)通过对红色岩溶石林造景岩性、古生物的观察，初步了解湘西奥陶纪牯牛潭期的沉积环境。

(2)学会分析古地理环境、构造、构造运动、气候等对岩溶地貌、峡谷地貌形成和发育的控制作用。

(3)观察红石林、坐龙峡、芙蓉镇，初步了解自然景观、人文景观的旅游资源价值。

(4)了解层型剖面及寒武系第三统古丈阶地层特征。

教学内容与要求

(1)观察、描述中奥陶统牯牛潭组(O_2g)、上寒武统比条组(ϵ_3b)岩性、节理特征。

(2)观察红石林景区内溶沟、石芽、石墙、石林、落水洞、溶蚀洼地(串珠状)，分析影响喀斯特地貌发育的因素。

(3)观察坐龙溪峡谷，结合石林发育特征，分析新构造运动对该区地貌的影响。

(4)观察寒武系第三统古丈阶层型剖面。

路线简介

本路线重点观察中国规模最大的红色岩溶石林地貌—红石林景区、坐龙溪峡谷地貌景区，以及栖凤湖酉水河景区，学习岩溶、峡谷地貌的基本调查方法。共设4个观察点(D1001，D1002，D1003，D1004)。主要观察段在红石林核心景区，乘车前往，凭门票进入。记得带上学生证、教师证，按景区规划进入景区。景区内有步行道，保持单列纵队前行，不要掉队，不得与游客和景区工作人员产生冲突，不要大声喧哗；注意安全，雨天路滑，不得涉水。

(一)D1001 红石林核心景区

知识点

地表水与地下水对可溶岩石(碳酸盐岩)的化学溶蚀作用，地表岩溶地貌，节理，新构造运动。

观察内容

(1)认识中奥陶统牯牛潭组(O_2g)的岩性，观察沉积构造，测量岩层产状。

(2)观察节理、溶蚀裂隙特征，测量节理产状。

(3)观察景区内溶沟、石芽、石墙、石林、落水洞、溶蚀洼地等地表溶蚀特征，以及石柱单体形态、集合体形态与地貌组合特征。

(4)观察头足类化石，了解古生物在地质学中的意义。

技能练习

(1)掌握灰岩的野外鉴定与描述方法，包括颜色、结构(结晶程度及粒度、是否含生物碎屑)、构造(层理、鸟眼、示顶底构造、缝合线构造等)。

(2)测量节理的产状，推断其主应力方向。

(3)对红石林景区内溶沟、石芽、石墙、石林、落水洞及三级溶蚀洼地(天池、人池、地池)等进行观察描述，并分析其成因和形成过程。

知识拓展

◇ 湖南古丈中奥陶统牯牛潭组红色岩溶石林(照片如附录3中图101所示)

湖南省湘西自治州古丈县红石林以拥有红色岩溶地貌、峡谷地貌、层型剖面、古生物化石等综合地质遗迹而具重要的地质研究和观赏价值，2005年被国土资源部授予国家地质公园称号。

古丈红石林地区位于云贵高原东部边缘，新华夏系第三复式隆起南段的东部，区内主要出露寒武系、奥陶系地层。震旦纪以来，该区广泛形成了一套典型的地台型碳酸盐建造。中奥陶世牯牛潭期持续接受海侵，沉积了一套近水平的台地—台地边缘浅滩相瘤状泥质灰岩，夹少量含粉砂质白云质灰岩，沉积构造以水平层理为主，见少量波状层理；化石以鹦鹉螺类中的震旦角石为主，壳体呈直锥形，壳长可20 cm以上。该碳酸盐岩为红石林的形成奠定了物质基础。经测试分析，该岩石中含铁、锰质，在氧化条件下易形成Fe_2O_3、MnO等物质，此乃红石林表面呈红色的主要原因。

受加里东、印支、燕山及喜马拉雅等多期次构造运动的叠加和改造，红石林碳酸盐岩层中形成多组方向的节理裂隙，第一组走向NE(30°~45°)，第二组走向NW(315°~325°)，第三组近EW。由于碳酸盐岩抗溶蚀能力较弱，岩层表面水流易渗入节理裂隙内，从而促进了节理裂隙两侧岩石溶蚀和风化，形成溶沟、石芽等早期溶蚀地貌。

新构造运动多期不均衡的抬升使红石林地区多次被剥蚀夷平，同时由于该区地处亚热带湿润气候区，降水充沛，河流的侵蚀作用增强，致使红石林地区的溶蚀地貌得以进一步发展，形成溶斗、方山、石墙、峰丛、峰林、溶蚀洼地等，石林呈现出塔状、剑状、柱状、蘑菇状、墙状和锥状等形态，成为我国乃至全球珍贵的地质旅游资源。

(二)D1002 坐龙溪峡谷核心景区

知识点

峡谷地貌，节理，新构造运动。

观察内容

(1)认识上寒武统比条组($\in_3 b$)泥质条带灰岩。

(2)观察峡谷的海拔、形态、高度与宽度及其两者比值，解释峡谷与岩性、节理、水流流向、岩层走向、流水下蚀作用及构造上升运动等的关系。

技能练习

(1)描述坐龙溪峡谷，包括峡谷形态、高度、宽度、岩性等，并作初步的成因解释。

(2)绘制坐龙溪峡谷—红石林地质地貌横剖面示意图，分析两者之间的关系。

(三)D1003 芙蓉镇旁酉水河边

知识点

曲流河，边滩，阶地。

观察内容

(1)观察曲流河的地质作用及冲积物特征。

(2)观察酉水河阶地。

技能练习

(1)描述河流的侧蚀作用及河漫滩地貌。

(2)描述酉水河阶地冲积物特征。

知识拓展

◇ **酉水河旁芙蓉镇**

酉水河是长江支流汉江的支流，起源于重庆酉阳。芙蓉镇本名王村，坐落在酉水北面，是酉水的重要码头。位于湘西土家族苗族自治州境内的永顺县，距永顺县城 15 km。1986 年，著名电影导演谢晋在这里拍摄了电影《芙蓉镇》，随着该电影的成功播出，旅游业逐步兴起，2007 年，王村正式更名为芙蓉镇。芙蓉镇不仅是一个具有悠久历史的千年古镇，也是融自然景色与土家族民族风情为一体的旅游胜地。

(四)D1004 古丈县罗依溪镇公路边

知识点

层型剖面，三叶虫，古丈阶。

观察内容

（1）观察寒武系第三统古丈阶层型剖面特征（照片如附录 3 中图 102 所示）。
（2）观察古生物特征。

技能练习

（1）描述寒武系第三统古丈阶层型剖面。
（2）绘制寒武系第三统古丈阶信手剖面图。

知识拓展

◇　**层型剖面（金钉子）**

"金钉子"是全球标准层型剖面和点位的俗称，是为了定义或识别一个全球标准年代地层单位而选定的作为对比标准的界限，该界限通常能在世界各地广泛识别，经国际地层委员会和国际地科联确立批准，其界限年龄和域值就不可随意改动。我国地域辽阔，在漫长的地史时期发育了类型齐全、完整连续的地层剖面，而且化石丰富，保存精美。世界上许多重要地层问题的解决都有赖于中国的地层研究成果，也因此在我国建立了多个层型剖面，如浙江常山黄泥塘（中奥陶统达瑞威尔阶）、浙江长兴县（二叠系/三叠系）、湖南古丈（寒武系第三统古丈阶）等。

湘西古丈寒武系第三统古丈阶底界"金钉子"，距今约 5 亿年，古生物学家在该套灰岩地层中，首次发现了只有 8 mm 大、宛如一颗花生米大小的球接子三叶虫（lejopyge iaevigata）化石，这标志着一个新阶段的开始。2008 年经过国际地科联批准，以当地地名命名这一层型剖面为"古丈阶"。

十一、作业与思考题

1. 路线 L01

（1）整理路线 L01 野外记录，整饰素描图，编写路线小结。
（2）总结分析板溪群地层中的小构造类型和特征。
（3）分析中泥盆统跳马涧组地层沉积环境及其变迁情况。
（4）回顾所学，常见的沉积构造有哪些？分别具有什么沉积学意义。

2. 路线 L02

（1）整理路线 L02 野外记录，整饰素描图，编写路线小结。
（2）校医院后山沿南东向山路见多条小断层，它们构成什么样的断层组合？绘制其组合示意图。
（3）如何确定侵入体的形态、产状？
（4）确定岩浆岩侵入体与围岩侵入接触关系的标志有哪些？D0204 点你所观察到的侵入标志有哪些？

3. 路线 L03

（1）整理路线 L03 野外记录。

（2）绘制后山部队至丁文江墓信手剖面图。根据该剖面自下而上地层的岩性特征，分析其沉积环境的变迁。

（3）野外如何识别断层？

（4）岳麓山的地下水是如何转变成地面流水的？这些地面流水如何影响着岳麓山的地形地貌？

4. 路线 L04

（1）整理路线 L04 野外记录，整饰素描图，编写路线小结。

（2）岩浆岩是如何分类的？

（3）什么是岩基？野外见得的岩基在地貌上有何特征？

（4）总结侵入接触关系的特征。

（5）一个完整的花岗岩剖面有何特征？影响风化作用发育程度的因素有哪些？

（6）什么是片理？什么是层理？两者有何不同？

5. 路线 L05

（1）整理路线 L05 野外记录，整饰素描图，编写路线小结。

（2）湘江河床两侧河谷地貌为何不对称？

（3）边滩、河漫滩是如何形成的？它们的位置及相互关系如何？

（4）阶地是怎样形成的？阶地沉积物有何特征？

（5）江心洲的发育有何特点？

（6）湘江两岸阶地基座岩性有何不同，说明是什么原因引起的？

6. 路线 L06

（1）整理路线 L06 野外记录，整饰素描图，编写路线小结。

（2）张家界地貌是亚热带山区流水侵蚀及物理风化崩塌作用的综合产物，分析该地貌类型形成的各种地质、气候因素。

（3）分析碎屑岩几种主要岩石类型的特征和形成环境，分析沉积构造与沉积环境的关系。

（4）分析山区河流的特点，思考为什么高山区上游河流的阶地不发育？

7. 路线 L07

（1）整理路线 L07 野外记录，整饰素描图，编写路线小结。

（2）分析河流侵蚀作用、搬运作用、沉积作用及其相互关系。

（3）分析河流冲积物特征及其形成的地质地貌条件。

（4）本区的峰林地貌是怎么形成的？

（5）层理是如何分类的？它们各自反映了什么样的沉积环境？

（6）节理是如何分类的？它们各自具有何特征？

8．路线 L08

（1）整理路线 L08 野外记录，整饰素描图，编写路线小结。

（2）峡谷是山区河流下蚀作用的产物，分析河流侵蚀作用、搬运作用、沉积作用及其相互关系。

（3）分析河流冲积物特征及其形成的地质地貌条件。

（4）依据溶洞所在的岩性、产状、地貌部位、节理发育情况，分析溶洞、暗河的形成原因。

（5）阶地是新构造运动的产物，如何确定基底上升的幅度？

10．路线 L9

（1）整理路线 L09 野外记录，整饰素描图，编写路线小结。

（2）通过对上泥盆统云台观组岩性、沉积构造的观察，分析该时期的沉积环境。

（3）什么是表生地质作用？其存在的判别标志有哪些？对张家界峰林地貌有何影响？

（4）了解实习区及其周缘区域夷平面特征，分析天子山顶部夷平面的成因。

10．路线 L10

（1）整理路线 L10 野外记录，整饰素描图、信手剖面图，编写路线小结。

（2）古丈红石林岩溶地貌形成的主要控制因素有哪些？其岩溶地貌经历了哪几个发育阶段？

（3）分析坐龙溪峡谷的形成与岩性、节理、水流流向、岩层走向、流水下蚀作用及构造上升运动等的关系。

（4）比较张家界武陵源区与古丈红石林岩溶地貌的异同点。

（5）河流的下蚀作用与侧蚀作用有何区别？

（6）层型剖面建立的意义何在？

（7）试说明古生物化石在地质学研究中的作用。

参考文献

［1］舒良树. 普通地质学［M］. 第三版. 北京：地质出版社，2010.

［2］夏邦栋. 普通地质学［M］. 北京：地质出版社，1995.

［3］卫管一，张长俊. 岩石学简明教程［M］. 北京：地质出版社，1995.

［4］钱建平，余勇，胡云沪. 基础地质学实习教程［M］. 北京：冶金工业出版社，2009.

［5］吴堑红，项广鑫，谢燕霄. 普通地质学实习教程—以长沙地区为例［M］. 长沙：中南大学出版社，2015.

［6］杨宝忠、徐亚军. 地质学基础实习指导书［M］. 北京：中国地质大学出版社，2010.

［7］钱建平，陈宏毅，余勇. 基础地质学实验教程［M］. 北京：地质出版社，2011.

［8］解国爱，舒良树. 普通地质学实验及复习指导书［M］. 南京：南京大学出版社，2011.

［9］邓江洪，张燕，邓斌. 峨眉山地质认识实习教程［M］. 北京：地质出版社，2015.

［10］童潜明，刘后昌. 地球生命之花——神奇的张家界世界地质公园［M］. 长沙：湖南地图出版社，2014.

［11］方先之. 带你游玩张家界［M］. 长沙：湖南地图出版社，2010.

［12］湖南省地质矿产局. 全国地层多重划分对比研究43——湖南省岩石地层［M］. 北京：中国地质大学出版社，1997.

［13］湖南省地质调查局. 中国区域地质志—湖南志［M］. 北京：地质出版社，2017.

附录1

常用岩石花纹、地质符号

岩浆岩花纹

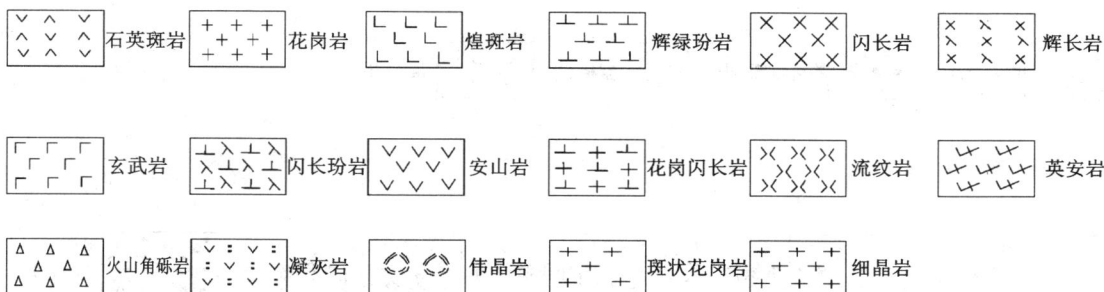

沉积岩花纹

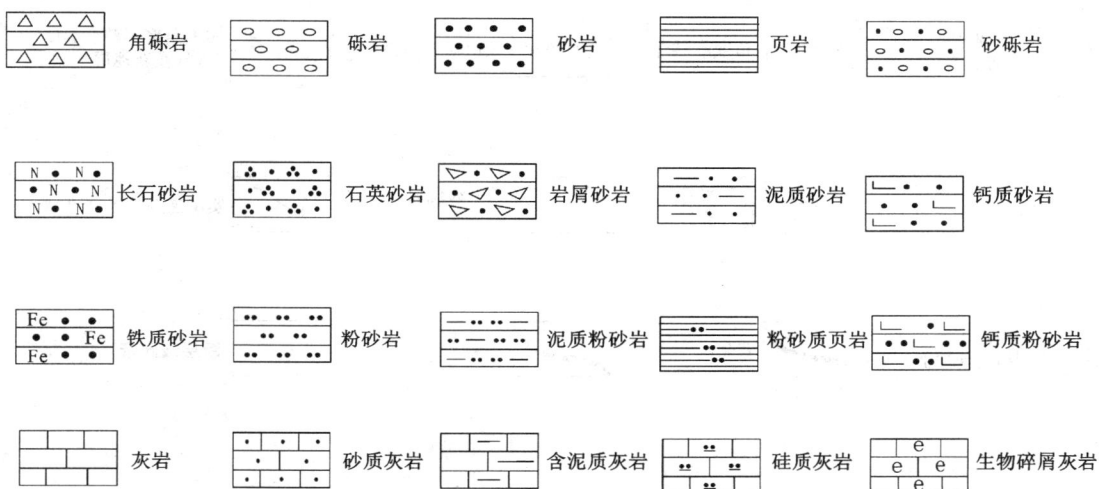

结晶灰岩	结核灰岩	鲕状灰岩	条带状灰岩	白云质灰岩
瘤状灰岩	泥状岩	白云岩	泥质白云岩	燧石结核白云岩
燧石条带白云岩	角砾状白云岩	砂质白云岩	灰质白云岩	泥岩

变质岩花纹

板岩	千枚岩	片岩	片麻岩	石英岩	大理岩

白云母片岩	构造角砾岩	糜棱岩	混合岩

第四系花纹

冲积物	洪积物	冲积洪积物	坡积物	残积物

地质符号

实测整合岩层界线	角度不整合	火山喷发不整合	实测角度不整合界线(点打在新地层一侧)
平行不整合	实测平行不整合界线	具平移现象的断层	实测逆断层及其产状
实测正断层(断层指向断层面倾向)	背斜	向斜	断层破碎带

附录2

普通地质学实验报告表格

附表1 常见矿物鉴定表一

标本号	矿物名称	形态	光学性质				力学性质				其他性质	鉴定特征
			颜色	条痕	光泽	透明度	解理	断口	硬度	密度		
1												
2												
3												
4												
5												
6												
7												
8												
9												
10												

附表 2　常见矿物鉴定表二

标本号	矿物名称	形态	光学性质				力学性质				其他性质	鉴定特征
			颜色	条痕	光泽	透明度	解理	断口	硬度	密度		
1												
2												
3												
4												
5												
6												
7												
8												
9												
10												

附表 3　岩浆岩鉴定表

标本号	标本名称	颜色	构造	结构	主要矿物成分及含量	分类		定名
						按 SiO_2 含量	按产状	
1								
2								
3								
4								
5								
6								
7								
8								
9								
10								

附表 4 沉积岩鉴定表

标本号	标本名称	颜色	构造	结构	碎屑			胶结物	其他	定名
					大小	磨圆度	成分			
1										
2										
3										
4										
5										
6										
7										
8										
9										
10										

附表 5 变质岩鉴定表

标本号	标本名称	颜色	构造	结构	矿物成分及含量	变质作用类型	定名
1							
2							
3							
4							
5							
6							
7							
8							
9							
10							

照　片

图1　石英

图2　长石

图3　石榴子石

图4　橄榄石

图5　普通辉石

图6　普通角闪石

图7　黑云母

图8　方解石

图9　萤石

图10　绿泥石

图11　石墨

图12　黄铜矿

图13　黄铁矿

图14　方铅矿

图15　闪锌矿

图16　辉锑矿

图 17　赤铁矿

图 18　褐铁矿

图 19　磁铁矿

图 20　硬锰矿

图 21　橄榄岩

图 22　辉长岩

图 23　玄武岩

图 24　闪长岩

图 25　安山岩

图 26　花岗岩

图 27　斑状花岗岩

图 28　石英斑岩

图 29　流纹岩

图 30　火山角砾岩

图 31　砾岩

图 32　石英砂岩

图 33　长石石英砂岩

图 34　粉砂岩

图 35　页岩

图 36　泥灰岩

图 37　石灰岩

图 38　竹叶状灰岩

图 39　鲕状灰岩

图 40　白云岩

图 41 板岩

图 42 千枚岩

图 43 石英云母片岩

图 44 绿泥石片岩

图 45 片麻岩

图 46 石英岩

图 47 大理岩

图 48 混合岩

图 49 矽卡岩

图 50 构造角砾岩
（断层角砾岩）

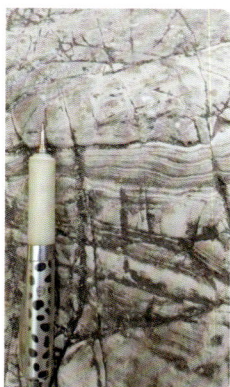

图 51 层纹状构造灰岩

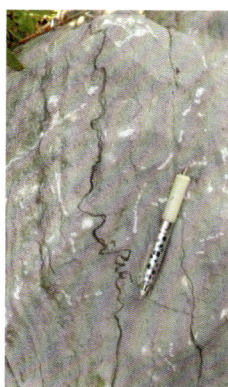

图 52 灰岩中的
缝合线构造

图 53 核形石

图 54 粒屑生物屑灰岩

图 55 刀砍状白云岩

图 56 灰岩中的硅质结核

图 57 板溪群地层中
的层理与节理

58 层面构造—波痕

图 59 底砾岩

图 60 底砾岩的
剖面特征

111

图 61　跳马涧组下部
的含砾砂岩

图 62　跳马涧组砂岩中
的砾岩条带

图 63　跳马涧组
紫红色砂岩

图 64　跳马涧组砂岩中
的斜层理

图 65　跳马涧组砂岩中
的石英脉

图 66　中南大学校本部
医院后山龙口冲组中的
断层(照片右侧为180°)

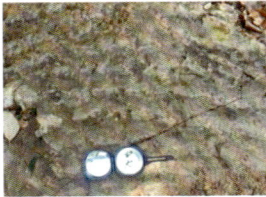

图 67　龙口冲组组
砂岩层面发育的波痕

图 68　龙口冲组砂岩中
发育的节理

图 69　中南大学校本部后山
部队驻地东侧棋梓桥组
泥灰岩中的断层

图 70　中南大学校本部后山
部队驻地东侧棋梓桥组
泥灰岩中的球状风化

图 71　黄兴墓下山小路边
湖大断层通过处的陡坎

图 72　棋梓桥组泥灰岩中
的腕足动物化石

图 73　枫林沟吴家坊组
石英砂岩中发育的褶曲

图 74　丁字湾采石场花岗岩中
的析离体

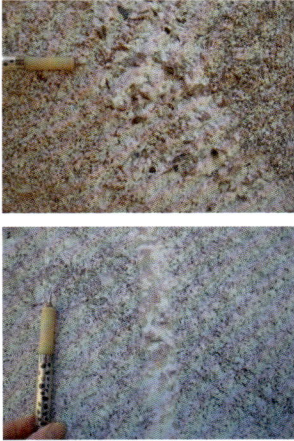

图 75　丁字湾采石场花岗岩体
节理裂隙中发育的伟晶岩脉

图 76　丁字湾花岗岩体
及其中发育的节理

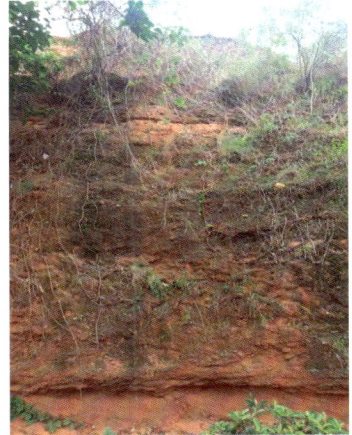

图 77　南郊公园东侧湘江中路
湘江边河床侵蚀底界面
及河流沉积剖面

图 78　白沙古井

图 79　武陵源云台
观组砂岩及泥质砂岩

图 80　根劈作用

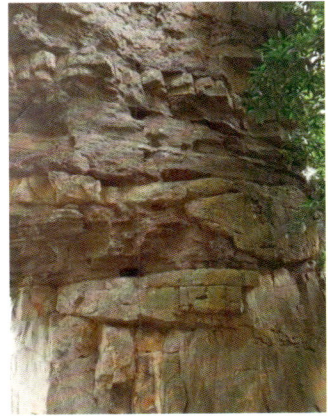

图 81　岩性在纵向上的变化

图 82　砂岩中夹有泥质砂岩

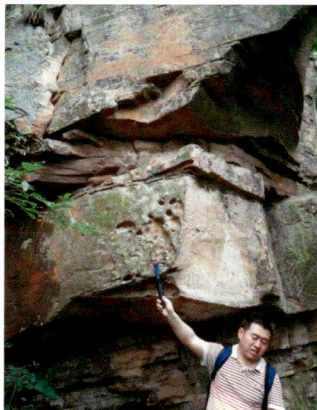

图 83　近水平的砂岩层及节理

图 84　岩石中的节理

图 85　砂岩峰林地貌

图 86　天生桥
（岩石中发育多组节理）

图 87　天然石塔

图 88　金鞭溪

图 89　大冶组中下部岩性

图 90   黄龙洞内景观

图 91   云台观组砂岩中的斜层理

图 92   云台观组层面上的波痕

图 93   风化孔洞

图 94   沿斜层理发育的斜节理

图 95   岩石中的溶蚀现象

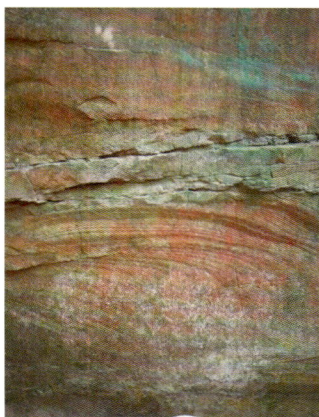
图 96   冲击节理

图 97   砂岩峰林地貌——擎天一柱

图 98   峰林顶部夷平面

图 99　形成峰林的砂岩中的小构造

图 100　鲕状赤铁矿风化残余

图 101　湘西古丈中奥陶统牯牛潭组红色岩溶石林

图 102　湘西古丈寒武系第三统古丈阶层型剖面

（图 1～图 50、图 90、图 102 来源于网络）